SHODENSHA SHINSHO

戦争民営化

――10兆円ビジネスの全貌

松本利秋

JN263128

祥伝社新書

――はじめに――

二〇〇五年五月にイラクで起きた斉藤昭彦さん死亡事件は日本人に二つの衝撃を与えたといえる。

その一つは斉藤さんが自衛隊を経てフランスの「外人部隊」に長く所属し、後にイギリスの民間会社に雇われた傭兵であったことだ。

平和憲法の下、戦後六〇年にわたって、われわれは如何なる形でも武器を持って戦争にかかわって来なかった、という日本人の平和信仰が一瞬にして崩れ去った。

もう一つは戦争をビジネスとして請け負う「民間軍事会社」が現存している事実が明らかになったことである。

傭兵は有史以来二番目に古い職業だと言われている。

一番目はいわずと知れた売春である。売春も、傭兵も自らの肉体を売り物にして、生計を立てるという意味においてはほとんど差が無い。しかし、なぜ、傭兵が人類最古の職業の一つに数えられるのかを真摯に考えてみると、人間と戦争の問題に行きつかざるを得ない。

ルネサンス期イタリアの政治思想家マキアベリは「国家間の自然状態は戦争状態」だと喝

破し、この見方は後のホッブス、スピノザ、カントに受け継がれていった。

そして、このような国際関係を如何に止揚して平和をもたらすかについては、これまでもさまざまな国際関係論の論議の中で語られてきたのである。その意味で言えば、国家と戦争の問題は古くて新しい問題なのだ。

では、戦争なるものがこれまでどのように戦われてきたのかを一瞥すると、国民皆兵となり、国民全員がかかわりを持たねばならない戦争になったのは、フランス革命後に登場した「国民国家」以降のことで、日本では明治五年に徴兵令が施行されて以後のことだ。

近代的な国家意識・ナショナリズムを基本として成り立つ近代国家は、戦争を総力戦という前線も銃後も無い大量殺戮の舞台に変質させてしまったのである。

その歴史はヨーロッパで約二〇〇年、日本ではたかだか一三〇年くらいでしかない。

本書が世に出る二〇〇五年は日露戦争後一〇〇年目で、その歴史的意味や日本人論、日本の近代化のあり方などについて、さまざまな議論が出た年である。

しかし、それらの基調をなすものは、天皇制の下、富国強兵の掛け声とともにアジアの新興近代国家として発展途上である当時の日本の、ナショナリズムと絡まり合わせて語られていた印象が強い。

事実、日露戦争はナショナリズムの側面から見れば実にわかりやすい。徳川幕府の鎖国政策の中、ほぼ二五〇年間外国のことを意識しなかった日本人。それがにわかに外国を意識しはじめ、日清戦争を経て、当時の列強国の一つであるロシアに、大日本帝国国民として一丸となって挑んでいく様は、少なくとも近代国家の形成に必要な、ナショナリズムが完成していく極めて具体的プロセスでもあった。

だからこそ、日本国民の中では「御国のために喜んで死ぬ」という精神形態がこのときに形成され、第二次大戦の超国家主義まで続いていくのである。

しかし、この視点から一旦離れて日露戦争を眺めてみれば、戦争という一大事業の運営にはさまざまな装置が必要だったことが見えてくる。

たとえば二〇〇五年、ライブ・ドア社とフジテレビの間で起きたニッポン放送株争奪戦で名前があがったアメリカのリーマン・ブラザーズ社である。

リーマン社は、一九〇四年に日露戦争の戦費調達のために、日本政府が発行した外債を引き受け、日露戦争後、その功により日本政府から叙勲を受けている。その存在は日本が日露戦争を戦うには必要不可欠であった。

当然のことながら、リーマン社は日本政府からの利子はタップリ受け取っている。

リーマン社はその後、関東大震災でも復興国債を総額一億五〇〇〇万ドルを引き受けているが、この後、世界恐慌による大不況で、日本政府は国債の償還に支障をきたし、それを補うために満州に進出し、経済的利益を得ようとした。

やがてこのことが太平洋戦争の要因となっていくのである。しかし、何れにせよ、彼らにとって見れば、これら国債の売買は純粋なビジネスにほかならないのだ。

二十一世紀になってもなお、「戦争は絶好のビジネス・チャンス」と考える古代以来の傭兵意識は現在もまだ生き残り、企業としてシステム化し、ますます巨大化している。

イラクやアフガニスタンなど、数々の戦場で傭兵が戦い、戦争を請け負う企業や、兵士を戦闘に専念させるための戦場サービスを担う企業が巨大な利益を上げている。

これら戦争ビジネスの実態を見れば、われわれ日本人には想像を絶する規模と市場を持っていることに驚くだろう。

イラクで起こった斉藤昭彦さんの遭遇した事件は、古代から続いた「戦争」の本質が垣間見えた一瞬でもあった。

本書では、これまで語られてきた戦争の歴史を「戦争ビジネス」という視点からもう一度洗い直し、傭兵と兵器ビジネスの実態から、戦争のもう一つの側面を描こうとしたものである。

第二次大戦後六〇年をむかえた今、本書を通じてこれまで一般にはあまり語られることがなかった「近代国家」、「国民」、「戦争」、関係の本質に思いを馳せていただければ、筆者にとっては望外の喜びである。

本書の執筆に当たっては国士舘大学大学院政治学研究科研究生・里賢一君（資料整理）ほか、さまざまな方から資料提供などのご協力いただだいた。

とりわけ、オックスフォード在住のアントニー・テルフォード・ムーア哲学博士から、イラクで活動している「ＰＭＣ＝民間軍事会社」に関する貴重な資料の紹介を受けたことに心からの感謝の意を捧げたい。

二〇〇五年初夏

松本利秋

もくじ

もくじ

編集協力／フレッシュ・アップ・スタジオ

第一章　身近になった戦争ビジネス

民間軍事会社で働く日本人

イラクで戦死した斉藤さん

二〇〇五年五月八日、日本人にとって劇画ならともかく、とても現実話とは思えない事件がイラクで起きた。

勇猛果敢な精鋭ぞろいで有名なフランス外人部隊に長年所属していた日本人、斉藤昭彦さん（四四歳）が武装勢力の襲撃にあったというのだ。その日、午後六時半（日本時間五月八日午後十一時半）ころ、イラクの首都バグダッドの西にあるヒート近くで、バグダッド近郊からアメリカ軍基地に物資を運び、車列を組んで戻る途中の斉藤さんらを「アンサール・スンナ軍」と名乗るイスラム武装組織が待ち伏せ攻撃を仕掛けた。

彼らは道路に爆弾を仕掛け、車列がその地点にさしかかったところで爆発させた。

大音響とともに噴出した煙と火柱が収まる間もなく、小高いバンクの上に隠れていた武装勢力が、手投げ弾やロケット弾を撃ち込み、マシンガンを乱射。

コンボイ側もそれに応射し。激しい銃撃戦の末、コンボイ側は十数人が殺害され、負傷した斉藤さんが連れ去られた。

武装勢力側はイラク人一二人、外国人四人を殺害としているが、正確な数は斉藤さんが所属していたハート・セキュリティ社からはプライバシーを理由に発表されていない。

武装勢力側は斉藤さんの映像は後に発表するとしていたが、その後、約二〇日間何の動きも無かった。そして五月二八日、アンサール・スンナ軍が、ウェブサイトで斉藤さんが頭から血を流して横たわっている映像を公開した。

私自身も、この映像を見たが痛ましい限りであった。

映像は「慈悲深く慈愛あまねきアラーの御名において」と言うアラビア語ではじまった。アラビア語に堪能で中東に詳しい友人によるとこれはイスラムの常套句であるらしい。次いでアンサール・スンナ軍情報部門提供と言う文字が現れ、「映像はアメリカ軍のアサド基地で治安責任者として働き、激しい戦闘の中でイスラム戦士が拘束した日本人が負傷し、それがもとで死亡したことを示すもの」とし、続いてコーランの詠唱をかぶせながら、斉藤さんのパスポートや身分証明書が映し出された。

さらには「イラクでアメリカ軍の仕事を希望するすべてのものはこれを見よ」との文面が現れた。その直後、荒れた家屋内のごつごつした床に仰向けに大の字で横たわる斉藤さんの映像が現れた。黒いTシャツに白っぽい袖なしジャケット、ズボン姿で紐の付いた靴を履いていた。そのままの姿で動かない様子で眼を半ば開いたまま頭から血を流していた。

この様な映像を、パソコン上でいながらにして見られるということに、驚くと同時に自衛隊以外の日本人が武装して戦場にいたという現実に衝撃を受けた。斉藤さんの、不幸な事件で日本人傭兵の存在が明らかになったが、日本人にとってより衝撃的であったのは、世界中には斉藤さんに限らず、日本人傭兵が少なからず存在するという事実。

さらにいえば、戦争を請け負う民間会社の存在そのものが一般の日本人の想像を絶する事実であったことだろう。斉藤さんが勤務していたイギリス系の警備会社「ハート・セキュリティ社」もそうした企業の一つである。

報道によると、千葉市出身の斉藤さんは、一九七九年一月から二年間、陸上自衛隊に在籍。後半の一年間は陸自の最強部隊とされる第一空挺団に配属された。

その後、フランス軍の外人部隊に入隊し、二一年間在籍。除隊後イギリスの民間軍事会社ハート・セキュリティ社に入社。フランス・マルセイユに自宅アパートを借りたまま、三月ころからイラクで活動していたという。

この斉藤さんの経歴に代表されるような日本人が、現在、フランスの外人部隊に四〇人程いるというが、実際のところは定かではない。しかし訓練のみに明け暮れる自衛隊では物足りない思いをしている隊員たちがいるのも事実である。

ある時、若い自衛隊員と食事をともにする機会があり、若い自衛隊員の間で外人部隊に入隊することが話題となり、口々に外国に行って自分の力量を試してみたいと言いつのっていたことを思い出す。

今日、インターネットを開けば、傭兵募集のサイトには容易にアクセスできる。海外に行くことは日常となり、気軽に渡仏する若い元自衛官がいても不思議ではないのだ。

勇猛果敢な外人部隊の伝説

フランス外人部隊は、もっとも有名な傭兵部隊とされており、民間軍事会社の重要な人材供給源になっている。

現在、フランス外人部隊に在籍しているのは約七六〇〇人、兵士の国籍は日本を始め一三八カ国に及び、契約期間は五年間。

報道によると、給料は国内に駐在しているときは、曹長クラスでも日本円にして年収三六〇万円程度と低いが、長期に勤めれば恩給とフランス国籍を取得する資格を与えられる。このことからすればカネだけを目当てにしていてはとても割に合わないのだ。

映画や物語で有名なフランス外人部隊が正式に組織されたのは一八三一年三月一〇日、時のフランス国王ルイ・フィリップが、外人部隊の創設の詔勅《しょうちょく》を発したときからである。

その目的は、フランス国外での軍事力展開に傭兵を使い、本国の正規兵を出来るだけ温存するところにあった。創設当時、直近の任務として与えられていたのは手に入れたばかりの、北アフリカの植民地アルジェリア統治作戦であった。しかし、一八六一年には、この地での重要な作戦が終了し、外人部隊は解散され、雇われた兵士たちはたちまち路頭に迷ってしまった。これらの外国人傭兵は、短期間の雇用で辞めさせられるのが常であった。

それだけではない、フランス第二帝政を敷いたナポレオン三世が、メキシコ革命に対して干渉戦争を起こした。この戦争で一八六三年にメキシコのベラクルスに派遣された外人部隊のおよそ三分の一が、一年以内に黄熱病と思われる嘔吐などで病死したのである。

これらの例が示すように、フランス政府の雇う外人部隊は安上がりで、簡単に使い捨てのできる兵士集団に他ならなかった。

しかし、「勇猛果敢な外人部隊」という伝説が生まれたのは、アルジェリアでマスカット銃の暴発で腕をなくし、木製の義手をつけていたダンジュー大尉の部隊が、メキシコで英雄的な戦いの末戦死したことが、広く語られるようになったからである。

一八六三年四月三〇日早朝、クリミア戦争の英雄であるダンジュー大尉と、三人の士官に率いられた外人部隊偵察隊六二人がカマロンでメキシコ軍と遭遇。

最初は、一〇〇年前に使用されていたような、旧式銃しか持っていないメキシコ軍に対して優勢だったが、敵はゲリラ戦法であるヒット・アンド・アウェイ戦法をとり、数の力を生かしてダンジュー部隊を徐々に追い詰め、とうとう指揮官のダンジュー大尉が戦死した。

残りの兵士たちは奮戦したが、最後には壊滅してしまったのである。生き残ったわずかな兵隊が、部隊本部に帰って、ダンジョー大尉とその部下の奮戦振りを伝え、草創期の外人部隊が勇猛であったことが知れ渡ったのである。

この「悲劇の日」、四月三〇日は「カマロン記念日」として、外人部隊の特別記念日となっている。

記念日には、外人部隊の司令部でセレモニーが厳かに催される。

後に発見された大尉の義手を先頭に掲げて、整列した兵士たちの前を行進し、カマロンで戦死した兵士、一人一人の名前が読み挙げられる。

ダンジュー大尉の義手は勝利の遺品ではなく、外人部隊員は何事にも恐れない強固な戦闘意欲を持つことが要求されており、カマロンの戦いで戦死した外人部隊兵士たちのように、勇猛に戦うことのみが外人部隊員の仕事だとする、戦意高揚の象徴となっているのだ。

この時以来、フランス外人部隊はアルジェリアをはじめ、インドシナ、マダガスカル侵攻作戦など、いずれもフランスの帝国主義的植民地政策のために、フランス本国とは遠く離れた場所に派遣され、現在まで生き残っている。

まったく情報が無い異国の地で侵略戦争を起こすときに、真っ先に使われるのが彼らの位置付けである。悪条件の中で戦い続ける彼らは現在、一体どんな生活と闘いを要求されているのか。さまざまの資料から一人の青年が、一九七〇年代のフランス外人部隊に入隊し、アフリカのジブチに派遣されて実際に戦った体験をシュミレートしてみる。

二十世紀のフランス外人部隊

青年が一人で外人部隊の本部があるパリのフォート・デ・ノジャンに来たのは、部隊に入隊するためであった。入隊することさえも難しいと聞かされていたが、全てが反対だった。

外人部隊にあこがれた青年にとって、フランス外人部隊は、彼が思っていたものとは全く違ったものだった。昔見た映画から感じたロマンチックなイメージのかけらも無かったのである。

まず、門の前に立つと衛兵がドイツ語で何の用事か訊ねて来た。彼はフランス語を話せず、ドイツ語も片言でしか話せなかった。ブロークンなドイツ語で、志願に来たことを何回か告げると、門衛はようやく納得して中に入れてくれた。

青年は門衛隊の軍曹のところに連れて行かれ、そこにあった小さな部屋で待つように言われた。当直の軍曹が司令部事務室に電話をかけると、数分して曹長の肩書きを持った上官らしい男があらわれ、青年に全てのポケットを裏返しにして見せるように言った。

曹長はパスポートなど、彼の私物の全てを取り上げ、それらを封筒に入れてしまったのである。

一体、何が起こっているのかわからないまま、青年は曹長について庭を横切り、階段を上がり、ドアをくぐると、そこには薄汚い、隊員たちの溜まり場があった。そのホールは兵舎というよりは、ニューヨークにあるハーレムの空き家のように不潔に見えた。

しかし、そこで食べさせてくれる食べ物は常に暖かく、味もなかなかのものだった。初日は満腹感に浸りながら、隊のテレビを見ながら、折りたたみ式の簡易ベッドに横たわることで終わった。

翌日、志願兵の契約にサイン。最低五年の契約だ。その後、外人部隊にいる最初の三年の間で使われる外人部隊用の名前をあてがわれる。そして、第二次世界大戦で使われた擦り切れた軍服、ベレー帽、小型のバグパイプ、それに一〇フランが供与された。

しばらくして青年は、他の五〇人ほどの志願兵たちと列車に乗せられて、マルセーユ東部の小さな部落オーバーニュ運ばれた。そこにはフランス外人部隊の総司令部がある。

そこでの出来事はショックに次ぐショックであった。

まず最初に驚いたのは、志願兵たちが連れて行かれた兵舎の周りに高い塀があり、その上に鋼鉄製の網が張ってあったことだ。この兵舎のたたずまいは強制収用所か刑務所のように思えたのである。

さらには、もうすでにサインを済ませ、志願兵として外人部隊で認められているにもかかわらず、担当の先任兵がこう言い放ったのである。

「お前たち達は三週間までここに留まることが出来る。その間、身体検査と心理検査が行なわれる。さらには保安部門の調査も受ける…。もし、この三週間の間に出て行きたいと思う者がいたら、汽車の駅まで案内する。そして、フランス国内のどこへでも行きたい所までの切符を渡す。この件については全く処罰の対象にはならない。そして、お前たちの外人部隊での記録は存在しないことになる…」

志願兵達は口をあんぐりあけて先任兵の顔を見るしかなかった。あまりにもこれまで彼らが経験した常識とはかけ離れていたからである。

じゃ、あの契約はなんだったのか…という狐につままれたような思いであったのだ。とはいいながらも、彼は部隊の中で友人を作ることに邁進した。

その結果、何人かの気の合う戦友が出来たのである。フィンランド人のピーターは二メートルを越す大男で、元船員。海上での生活がいやになって、地上で暮らしたいというのが外人部隊への応募の動機だった。

マチックはスラブ人。たった八年しか学校に通っていなかったが、独学で知識を磨いている。その結果、彼は一〇カ国語をマスターした。中でもギリシャ語が得意で、彼のようにギリシャの古代語と現代語の双方を話せる者は学者の中でもめったにいないと言われているほどだ。

ブルニンはアイルランドの農民出身で、エリザベス女王の近衛兵を務めていた。彼はアメリカ南北戦争時代の南軍のことにたいそう詳しい。

ムーラーは第二次大戦のナチス・ドイツ軍空挺部隊員の息子、同じくドイツ人のケラーは大のフランス嫌い。元西ドイツ軍のパンツァー戦車ドライバーだ。

他にフランス語がやたらとうまいチェコ人で、仲間の通訳的存在となったペーターやイスタンブールを根城にしていたトルコ人の元スリなどが彼の仲間となったのである。

これだけ見ても、フランス外人部隊が多種多様の人間の集団だと言うことが出来るだろう。この八人は訓練期間の終了とともに、それぞれが違った部隊に配属された。

青年にとって驚くべきことはさらに続いた。

それは噂にたがわず、保安局の尋問が非常に厳しかったことである。実際、彼らの尋問は連続して行なわれ、時間もタップリと費やされた。尋問などで得られた情報はインター・ポールなどを含むそれぞれの関係部署に送られて、一カ月月ほどかけて精査される。その結果として、実際に重要犯罪を犯した者も入隊する。

しかし、出身がどうであれこの尋問が終わり、合格すると、外人部隊用の名前が記された身分証明書が発行され、正式な外人部隊員の資格が与えられる。

その後、コルシカ島にある訓練所に送られ、外人部隊としての本格的な訓練が始まるのだ。外人部隊第二パラシュート連隊司令部はコルシカ島の西海岸にそびえる砦の中にあった。

ここの兵舎もフランス本土にあるものと同じく、かなり不潔な所であった。隊員の集会所の中は雑然としているし、汲み取り式の便所はジメジメして、不潔極まりない。なおいけないのは、隊員たちは一週間にたった二回、それも五分間だけしかシャワーを浴びることが許されていないということだ。シーツは四カ月に一回しか取り替えられない。

とりわけ、青年が仰天したのは、隊員には医療が全くと言っていいほど施されていないことだ。誰かが顔や、手を切り、一晩で腫れ上がって化膿しても、敗血症を引き起こして皮膚が見るに耐えないほどただれても、診療所の衛生兵や軍医は治療を施したり、予防措置をとることが出来ないのである。ペニシリンの投与は禁じられていた。

その理由は、ペニシリンが高価であるということに他ならない。こんなことは入隊前には想像もつかなかった。これでは、外人部隊に入って一儲けしようなんて考えることがおかしいのである。

同じようなことは、その訓練についてもいえる。キャンプでの最初の二日間、凄まじい肉体的なしごきがある。分列行進の訓練はノルマ化されていた。射撃訓練は週に二日あり、それが一三週間も続く。ペニシリンと同じく、弾丸も高いのだが、優先順位は医薬品よりも、弾薬の方が圧倒的に高い。

銃剣の訓練や、夜間行動訓練はまったくやられていない。このような射撃一本槍の訓練を通じて、最後にはライフル銃一丁をスクラップにしてしまうのだ。銃身に穴が空いていても銃の掃除方法は荒っぽいものだ。部隊ではライフル用のオイルはおろか、普通の機械油さえも供与してはくれないのだ。

このような訓練が終わると、今度は一〇〇キロもの行進をして、キャンプ場に行かなければならない。キャンプに着くとほとんどの新入隊員は特科学校に送られる。彼は通信学校に入れられた。

だが、ここで問題が起きた、通信学校での授業は全てフランス語でなされる。実を言うと、彼はフランスがほとんど分からなかったので、授業そのものについていけなかったのだ。その上、モールス信号も知らなかったので、通信に必要な一分間で四八〇文字を受信する試験にも落ちてしまった。

外人部隊の上層部は彼を実戦向きだと判断したのだろう、今度は下士官学校に入るように命令した。そこで彼は機関銃部隊の伍長コースに入れられたのである。

そこで八週間の訓練を受け、機関銃グループの指揮官となる資格を取得。その後原隊に復帰した後、彼はアフリカのジブチの実戦部隊に送られることになったのである。彼の任務は機関銃グループを率いて、ジブチでソマリア軍と戦うことであった。

ジブチは彼にとって、初めての戦闘体験の場となった。

彼は機関銃グループの指揮官として、二年間ジブチに留まり、数々の武勲を立てて、無事除隊したのである。

一九七〇年代の頃より、現在のフランス外人部隊の状況は改善されている。たとえば、医療施設はそのころより近代化されており、全隊員に対して、さまざまな治療が行なわれている。さらには掃除の徹底など、衛生観念についても全隊員に行き届いているのだ。

現在では結婚している隊員もごく普通である。フランス軍では結婚した外人部隊員用の宿舎も提供している。

外人部隊の任務もまた、現在では当時と変わった。かつてのようにフランス本国から遠く離れた植民地はもはや存在せず、外人部隊を送り込まなければいけないような戦争もわずかでしかない。

しかし、コルシカ島はまだフランス領で、社会不安が広がっているし、世界中にテロリズムが急速に拡散している。これらによって、ここしばらくはフランス外人部隊が必要とされるだろう。事実、外人部隊除隊後、斉藤さんのように特殊部隊員としての能力を買われて、民間軍事会社に就職する元隊員も多く、彼らに対する需要は急速に高まっているのである。

沖縄の基地で体験した猛訓練

戦場での民間軍事会社社員が、一体どういうものなのか、私自身の体験を踏まえつつ、その現実にアプローチしてみよう。

アメリカ第三海兵遠征軍が、沖縄で保有している北部演習場。広さは八三九六平方キロもある沖縄最大の演習場だ。

この一帯は県内でも有数の亜熱帯性樹林地帯で、東南アジアのジャングルを思わせる地形が広がっている。演習場の奥まった所に密林を切り開いた一郭があった。

中に入ると荒いコンクリートの地肌を、むき出しにした建物が並んでいる。幅一〇メートルほどの道路の奥に教会があり、その両側には商店や民家、銀行、飲食店などを模したビルが建てられていた。ジャングルの真ん中に街が出来上がっていたのである。

われわれをエスコートした広報員が急に黙り込み、彼の指差した方向を見ると、迷彩柄の戦闘服に防弾チョッキで完全武装した兵士たちが建物の前、あるいは屋上で息を殺して銃を構えていた。

「兵士たちは委細声を出してはならないことになっている。状況を壊さないように、われわれもそれにしたがわなければならない」

エスコートに従って、われわれも無言で近づく。近づきながら初めて気付いたのだが建物の周りの木の陰、草むらなどにも兵士が隠れており、戦闘態勢をとっていたのだ。

彼らは、われわれの存在を一切無視し、行動に移った。教会の陰にいた隊長が合図をしたとたん、五人の兵士が民家の階段を駆け上がり、二階で銃を構えて援護射撃の姿勢をとった。

階下では一〇人の兵士が建物への突撃態勢をとり、銃を構えて凄まじい勢いでドアを蹴破り、全速力で部屋になだれ込んだ。

無言の中で見事なコンビネーションをとりながら、キビキビと動く兵士たち。テロリストに占領された街を奪還し、人質を取り返すカウンター・テロ特殊行動訓練は実戦さながらの息詰まる迫力があり、殺気さえ感じさせるものがあった。

それに加えてジャングルの中に、一つの街をそっくりそのまま建設して、市街戦の訓練を行なっている米軍の力の入れようには、眼を見張るものがある。

「コンバット・シティ」と呼ばれる施設が完成したのは、一九九〇年代初頭のことで、おりしも冷戦が終了した時期に当たる。市街戦や、カウンター・テロ特殊作戦を想定した建物への強行突入、市街地への潜入、敵の攻撃防御の訓練がここで行なわれるのだ。

だからだろう、我々の目の前で訓練を続けているプラトーンは眼を見張るような近代装備を携帯していた。暗闇の中で動く敵の姿を察知する、赤外線暗視装置には小型のコンピュータが付いていて、敵の位置はもちろんのこと、その場所全体を画像で示すことも出来る。小型のパラボラアンテナを使って、人工衛星の情報を受け取り、正確な敵の位置確定や遠距離との通信が可能なシステム、さらにはスナイパーまで備えていた。このような、彼らが使用する、高性能ハイテク機器システムの取り扱い一つとっても、高度な専門知識が必要だ。

それだけではない、体力や身体能力も並外れた水準であった。

これを実感したのは、同じ訓練地域にあるジャングル戦演習場で特殊任務を負った専門部隊がジャングルのパトロールを行なう中隊規模の偵察訓練に同行取材したときのことであった。沖縄の演習場にはジャングル戦用のエリアから渡河訓練、山岳訓練も出来る場所が揃っている。彼らの訓練はジャングル戦エリアで行なわれていた。

現場に到着すると、鬱蒼《うっそう》とした密林の中で、二メートル程もある特務先任曹長がヌッと立ち上がり、右手を上げて合図した。

すると、身を潜めていた兵士たちが木の陰、草むら、樹上から無言で現れた。これだけでも度肝を抜かれる思いであったのに、全員が無言で瞬時に集合して来たのだ。

リーフ・パターン・カムフラージュの戦闘服にアーマーベストで全員が完全武装している。驚いたことに、これほどの重装備なのに足音がほとんど聞こえない。

白人、黒人、ラテン系、アジア系…全員スリムで筋肉質の体つき。迷彩顔料を塗った顔はいかにも厳《いか》つい。彼らはわれわれを無視して行動に移った。

先程の先任曹長が隊列の先頭に立ち、前から後ろへと回した。このハンドシグナルにしたがって兵士たちがサッと縦隊形をとる。

全兵士の存在を確認した後、曹長が今度は体の左側に両手を重ねて、それを大きく開いた。これが前進の合図。兵士たちは無言で次々とジャングルの中に入って行く。手の合図で兵士たちがキビキビ動くさまはまさしく、プロ集団の動き。兵士たちは銃を両手に持って、姿勢を低くとり、常に周囲に注意を払いながら進んで行く。

われわれは最後尾の分隊について行った。分隊は八名単位。事前に地図上で地形を検討し、決定した分進点まで二名のポイントマンを先頭にして、上体をかがめてソロリソロリと歩いて行く。

驚いたことに、あの大男たちが歩くのに、ほとんど足音がしないのだ。歩き方もジャングルの特殊戦闘に適するように、よほど訓練されているに違いない。

低い枝をかいくぐり、草を掻き分けて進むと、やがてがけの下に着いた。

一度も背筋を伸ばさず、兵士と同じような姿勢を続けていた私の背中は、棒が一本通ったように固くなり、背筋を伸ばそうとすると、悲鳴を上げたくなるほど痛い。脂汗がタラタラ流れる。

だが、兵士たちはみんな平気な顔で汗一つかいていないのだ。休む間もなく、再び特務曹長のハンドシグナルで、二人の兵士がスルスルと崖を登って行った。サッと銃を構えて後方援護の姿勢をとる兵士たち。私が沖縄のジャングルの木漏れ日の中で見たのは、何れも特殊戦闘に従事する殺気のある面構えだったのである。

軍事的エリート集団の特殊部隊

鳥居ステーションに駐留している、陸軍の特殊部隊グリーンベレーはあまりにも有名である。彼らのパラシュート降下訓練にも同行して取材したが、精悍な顔つきと、キビキビした動きは一般の海兵隊兵士とは違った、一種独特の威圧感があった。この自信に満ち溢れた軍人たちが、こぞって参加する民間軍事会社の社員たちのレベルは、一般の軍事技術の水準をはるかに越えていたことは容易に想像が付く。

特殊部隊は正規戦以外の戦闘に携わる部隊で、敵地深く潜入して、後方撹乱や味方ゲリラ組織のサボタージュ援護などの、隠密作戦に従事する部隊のことである。過酷な状況下で行動するため、強靭な肉体と精神力を持ち、高度に訓練された特殊技能と最先端の装備を駆使して、任務を遂行する軍事的なエリート集団だ。

一九七〇年代前半、テロリストによるハイジャックや要人誘拐、爆弾テロなどが多発すると、各国ではそれに対抗する部隊が編成された。それは主として特殊部隊を対テロ部隊に特化させたものが多かったのである。

本来、卓越した戦闘能力を持つ特殊部隊は、対テロ部隊としても優れた能力を発揮し、数々の事件に出動する。世界中に特殊部隊の優秀なことと、その必要性をアピールしたのである。

現在は、国際テロネットワークという、共通の敵と戦うために各国が軍に限らず、警察、国境警備隊などに対テロ特殊部隊を創設しているが、ほとんどの場合、その実態は各国の最高機密とされている。

そのような中で、有名な特殊部隊には、イギリスのＳＡＳ（空軍特殊部隊）、ＳＢＳ（海軍の特殊舟艇部隊）。アメリカではNAVY SEAL（海軍）、グリーンベレー（陸軍）、DELTA

FORCE（対テロ専門部隊）。その他にドイツのGSG9、フランスのGIGN、カナダのERT（緊急対応部隊）、香港のSDU（警察特殊任務部隊）、ロシアのSPETSNAZ（情報総局特殊任務部隊）の存在がよく知られている。

このように、対テロ戦闘のスペシャリストとして、特別に訓練を受けた軍人のエリートたちが民間の軍事会社に入り、こうした民間軍事会社が約六〇社がイラクで行動している。

斉藤さんの死亡事件は、そんなエリート軍人たちの中では、日常起こっている事件の一つとしてあったものだといえるだろう。

それだけ、彼は普通の日本人には想像を絶する過酷な世界で生きてきたのだ。

危険地帯での取材は警備員が必要だ

私自身、危険地帯で有能な警備員の活躍に支えられた経験がある。

私は自衛隊のPKO部隊が駐留する前後の、カンボジア国内には取材で数回入ったことがある。

私が最初にカンボジアに入ったのは一九八八年で、当時はヘンサムリン政権がようやく優位になったころで、プノンペンをはじめ、カンボジア国内はまだまだ安定に程遠い状況だった。

その後、明石康《あかしやすし》氏の率いる、国連カンボジア暫定統治機構ができたとき。さらにはPKO部隊派遣の、可否を探る自衛隊の調査団がカンボジアを訪れたとき。、自衛隊の第一陣がPKO活動を本格化させたとき。そしてポルポトの実兄へのインタビューと、回を重ねるごとに安全度は増していったが、ポルポト派はまだ戦闘を続行中であった。

治安も悪く、夜ともなればプノンペン市内の、いたる所に検問所が設けられ、強盗事件や殺人事件が頻発し、暗闇の中で銃声やら爆発音とともに太い閃光が走るという状況であった。

私はプノンペン近郊にある、タケオに駐留する自衛隊本隊をはじめとして、近辺の部隊を取材するすることになっていた。

さまざまな条件から、プノンペン市内に宿をとり、そこから郊外に出かけることになった。早朝プノンペンを出て、日のあるうちに宿へ帰るという、スケジュールを立てていたが、実際に行動して見ると往路には何の問題もなかった道路が復路では崩れていたり、故障車が出て大渋滞に陥ることもあった。

一番怖いのは田舎道で夜になることだ。強盗やゲリラにアンブッシュ攻撃（待ち伏せ攻撃）を受けて殺されることにつながる。

当時、私の取材パートナーを勤めてくれていた、タイ人カメラマンに相談すると、彼はガードマンを雇うことを熱心に勧めた。

彼の話によると、プノンペンの中国人社会では、経営する商店をガードするために、商店主などが出資しあって、民間警備会社のようなものを作っており、彼はそこの指導者と話を付けることが出来るというのだ。

報酬などは交渉しだいだという。私は彼の言うことを全面的に信頼し、交渉はすべて任せた。中国系タイ人である彼はその指導者とは親しい間柄であるという。それに、このような交渉に外国人である私が加わると、まとまるものもまとまらないケースが良くあるのは、これまでの経験から知っていた。彼らには彼ら独特のやり方があるので、こちらは結果だけ待つことにすればよい。

すると案の定、三時間ほどで話をまとめて来た。カメラマンによるとガードマンは三人、二人はバイクに乗って車の前後を固め、一人は車に乗り込むことになっているという。三人全員がAK47を携えて来る。時間は原則八時間一〇〇ドルだが、延長すれば、それだけのオプションを付けるとのことだ。

彼らへの報酬は、一日ごとに中国人の紹介者に支払うことになっている。銃の腕はカメラマンが射撃場で確かめてきたから全く問題ないと言う。

　正直不安はあったが、取材を続けるのなら選択肢はそれしかない。私はその条件を飲むことにした。

　翌日現れたのは、やせてはいるが何れも目つきが鋭い男たち三人。カメラマンの話によると警察と軍のスナイパーであるらしい。彼らはサングラスをかけて、ほとんど口を利かなかった。私たちの車の前後を固めたガードマンたちは、ときどき前後を交代しながらバイクを巧みに操って、付かず離れず警護してくれる。

　道路事情などの情報は地元民から収集し、できるだけスムーズに動けるようにさりげなく気配りしてくれているのがよく分かる。

　われわれは、ホテルで作らせたランチ・ボックスで昼食をとるが、かれらは最低一人はわれわれのそばに残して、街のどこかへ行って交代ですませるのだ。そして、ゲリラや強盗などの情報を採って来る。それを基《もと》にしてルートを決めるのだが、それが実に的確なのだ。まさにプロの仕事である。

　幸い、取材期間中は何事もなく、無事に終わったのだが、私は彼等の働きに感謝する意味を込めて一〇〇ドルのボーナスを渡した。五日間の取材で支払ったガードマンの代金は、特別オプションも含めて約七〇〇ドル。考えてみれば東京の六本木や新宿で使う飲み代とあまり変わらず、彼らのおかげで時間を短縮できたことを考えればおつりが来るぐらいだ。

当時のレートと危険度、それに当地の経済状況が違うから一概には比較できないが、報道によると、現在のイラクではバグダッドの中心街から空港までの、往復一時間足らずの警護で、二〇〇〇ドル〜三〇〇〇ドルを警備会社に支払うというから大変な開きがある。

2005年5月現在の死因別死者数

死因	死者数
車列襲撃	49
処刑	29
小火器による攻撃	25
IED攻撃　?	21
自爆攻撃	15
ミサイルによるヘリコプター撃墜	11
待ち伏せ攻撃	10
自動車爆弾	9
路肩爆弾	8
車両事故	8
ロケット弾攻撃	7
銃撃	8
地雷	4
迫撃砲攻撃	4
狙撃	4
誤射・誤爆	3
戦争状況　?	3
爆弾	2
車両攻撃	2
ペンキ缶の爆発事故	1
ガス爆発事故	1
武装攻撃	1
攻撃	1
投棄された死体を路上で発見	1
走行中の銃撃	2
爆発	1
溺死?	1
誘拐/殺人	1
自然死	1
バグダッド上空の輸送機にて　?	1
不明・未特定	10
合計	244

2005年5月現在の国別死者数

死者数	国名
アメリカ	91
イギリス　*1	27
トルコ	27
ネパール	15
南アフリカ	12
ブルガリア	6
カナダ	5
フィジー	5
エジプト	4
韓国	4
フィリピン	4
ヨルダン	4
ロシア	4
パキスタン	3
フランス	3
マケドニア	3
クロアチア	2
フィンランド	2
ポーランド	2
レバノン	2
イタリア	1
インド	1
インドネシア	1
オーストラリア	1
オランダ	1
コロンビア	1
チェコ	1
デンマーク	1
ドイツ	1
日本	1
ニュージーランド	1
ハンガリー	1
ポルトガル	1
ルーマニア	1
不明・未特定	5
合計	244

*1イギリスはBritish、British(Welsh)、Englishの合計

2005年5月現在の会社別死者数

KBR (subsidiary of Halliburton)	27
Blackwater Security Consultants ＊2	18
Morning Star Co. [Jordanian services firm]	12
Global Risk Strategies Limited ＊7	11
DynCorp International ＊5	10
Olive Security	6
EOD Technology, Inc. ＊6	5
ArmorGroup ＊1	4
InterEnergoServis (Russian company)	4
Titan National Security Solutions	4
Cochise Constultancy ＊3	3
Custer Battles ＊4	3
Edinburgh Risk Inc	3
Granite Services, Inc. (subsidiary of General Electric)	3
Halliburton	3
Soufan Engineering (U.S. firm)	3
Al Tamimi group (Kuwait-based constr. co.)	2
BearingPoint, Inc.	2
Bulgarian trucking company	2
CLI USA	2
CTU Consulting	2
Gulf Services Co.	2
Hart Security [The Hart Group] ＊8	2
Iraqi construction company	2
Kroll Associates	2
Omega Risk Solutions	2
Omu Electric Co. (sub to Washington Gp.)	2
Special Operations Consulting-Security Management Group Inc	2
Yuksel Construction (Turkish company)	2
Aegis defence services ltd.	1
Air-Ix	1
Al-Atheer (telecommunications co.)	1
American Services Center	1
Bidepa (Romanian security firm)	1
Bilintur (Turkish catering firm)	1
Blackwater USA ＊2	1
British construction company	1
British Foreign Office	1
British security company	1
California-based construction	1
Chernoprojekt	1
Construction company	1
Control Risks Group	1
Egyptian communications project	1
Ensto Utility Networks	1
Environmental Chemical Corp. Int'l	1
Erinys International	1
Erinys Iraq	1
Eurodelta d.o.o	1
Gana General Trading Co.	1
Gorkha Manpower Company	1
Italian communications company	1
Janusian Security Risk Mgmt.	1
Kuwaiti company	1
MayDay Supply (dining facility supplyhouse)	1
Meteoric Tactical Solutions (S.A. sec. co.)	1
Mines Advisory Group (Brit. charity)	1
National Response Corp. of Long Island	1
Prime Projects International (Dubai)	1
Proactive Communications Inc	1
Qatar International Trading Compan	1
Readiness Mgmt. Svcs. (subsid. of Johnson Controls)	1
SAS International [sub to Erinys Int'l]	1
Saudi Arabian firm (name not known)	1
SEI Group, Inc.	1
SOMAT (Bulgarian trucking company)	1
Steele Foundation	1
Subcontractor to Siemens (German firm)	1
Sub-Surface Eng'g (sub to Bechtel)	1
Taehwa Electrict Co	1
Tikrit bridge repair firm	1
ToiFor Kft	1
Turkish mftr. of prefab housing	1
U.S. Army	1
U.S. company	1
Ulasli Oil Company	1
Ultra Services.Irex Corp.	1
United Defense Industries	1
不明・未特定	50
合計	244

＊1には『ArmorGroup (British security firm)』も含む。　＊2『Blackwater Security Consultants』とは別に『Blackwater USA』も存在するので注意されたし。同一会社と思われるが念のため区別。
＊3には『Cochise Consultancy, Inc.』も含む。＊4には『Custer Battle』も含む。＊5には『DynCorp』も含む。
＊6には『EOD Technologies』と『EOD Technology』を含む。　＊7には『Global Risk Strategies』を含む。
＊8には『Hart』を含む。

第二章　古代から戦争はビジネスチャンス

古代ギリシャの戦争ビジネス

古代ギリシャの傭兵隊

ギリシャの平地は狭く、ほとんどが山地だ。狭い平地では、ごく限られた人口しか養えないことを意味している。もし、ギリシャが肥沃で広大な土地であったのなら、歴史は随分と違ったものになっていただろう。

山が多いということは、ポリスと呼ばれる都市国家と、それ以外の地に自然と分離されてしまう。ポリスは、人口は一〇万人に満たないごく小さな都市でしかない場合が多い。

都市住民の唯一の関心は収穫物と財宝と人口の維持に集中する。そして、この目的を達成するために最も合理的な方法として、その時々に一番強い男に全権力を預けるのである。見方によっては、ギリシャの民主政治はその時々に、最も強い男を合理的に選ぶシステムであったともいえるだろう。

青銅器時代のギリシャでは、人口を維持するための農耕地をめぐって、ポリス間の争いが絶えず、戦争の無い期間はほとんどなかったと言ってよい。この争いには少ない人口の中から都市国家の自由市民の男性を投入せざるを得ないし、ポリスの防衛のためには軍事訓練を受けた屈強な男たちが、常時戦闘体制を維持しなければならない。
しかし、戦闘の常として、勝ち負けがある。敗れたポリスは破壊されて、難民をつくり出し、失業者を生む。この中には戦闘能力の高い者もいて、彼らは食うために、自分の戦闘能力を勝ち残ったポリスに売り込むのである。豊かなポリスは常備軍をこれらの兵士にゆだねることで、さらに強力になり、大きくなっていく。このように、古代ギリシャでは必然的に傭兵が生まれる事情があったのだ。

近代においても戦いでは、撤退戦略ほど困難なものはないとされている。歴史を紐解けば、朝鮮戦争中の一九五〇年から五一年にかけての厳冬期に実行された、北朝鮮第十軍の撤退行動（一九五〇年九月十五日、マッカーサー指揮の国連軍が仁川に上陸し、北朝鮮軍が撤退）や、一九四〇年の英仏軍のダンケルク撤退、スターリングラード攻防戦後のナチス・ドイツ軍の撤退など、困難で有名な撤退作戦を挙げることが出来る。

しかし、ギリシャの傭兵隊長クセノフォンの記録に残っている、紀元前四〇一年のギリシャ傭兵軍団一万人によるペルシャからの大撤退に比べれば、これら近代の撤退作戦は全く影の薄いものに見えてくるほどだ。

ペロポネソス戦争は紀元前四三一年に始まり、アテネを盟主とするデロス同盟と、スパルタを盟主とするペロポネソス同盟が、ギリシャの覇権をめぐって繰り広げた血みどろの戦いである。古代ギリシャの三〇年にわたる都市国家同士の争いで、数万数千の重武装兵たちが職を失い、数世代にわたって生活苦にあえぎ、雇用主を探して流浪を続けていた。

そんな彼らにとって、ペルシャの王子キュロスが、兄王アルタクセルクセス二世の王位簒奪を狙って起こした大遠征は、格好の職場となった。

キュロスは食い詰めたギリシャ都市国家の元兵士たちを、傭兵として大量に雇い入れたのである。ギリシャ兵たちはキュロス軍の中核をなす部隊となり、その指揮官はスパルタの有名な将軍、クレアルコスであった。

この戦いに参加したクセノフォンは、その著「アナバシス」に、兄王との戦いでのキュロス軍は総勢五万人、そのうち、ギリシャ兵は一万三〇〇〇人であったと記録している。

キュロス軍は直接ペルシャ帝国の中心を突く作戦であった。エーゲ海の沿岸から出発し、アナトリアを通り、兄王が約一〇万人の主力部隊をを展開させて待ち受けているバビロン付近の平原に下って兵を進める戦略だ。

キュロスはユーフラテス川沿いに進軍し、紀元前四〇一年九月、バビロン手前のクナクサ近郊（現在のバグダッド西方、ユーフラテス川東岸あたり）でアルタクセルクセス軍と対峙《たいじ》した。

二倍の敵兵力に対してキュロスは、ギリシャ軍部隊を右翼に配置。左翼には配下のアリアイオスの軍を置き、自らは騎兵約六〇〇とともに中央で待機する陣容をとった。

ギリシャ軍の重武装歩兵は、一五フィート（約五メートル）もの長槍を持ち、重い兜《かぶと》と鎧《よろい》をつけ、ギリシャ古来からの戦いの隊形である密集隊形をとる。

戦闘が始まると、スパルタの将軍クレアルコスに率いられたギリシャ軍の、卓越した戦闘能力はたちまち証明された。

ギリシャ軍は一二人から一六人ごとに密集した塊《かたまり》となり、さらにそれらが集まった密集軍団が、ペルシャ軍を包み込むように旋回をしつつ攻撃を始めたのである。

ギリシャ軍は、軍歌パイアーンを歌いつつペルシャ軍に突撃。その攻撃でペルシャ軍左翼は総崩れとなり、大混乱に陥った。

まさにその時、中央に位置していたキュロスが、ギリシャ軍優勢と見て、騎兵六〇〇を率いて一気にペルシャ軍中央に突撃した。その前面に展開していた騎兵六〇〇〇を、あっという間に敗走させ、敵将アルタゲセスを討ち取り、そのままペルシャ軍の中枢部に突入し、兄である大王アルタクセルクセスの姿を認めるや、まっしぐらに撃ちかかった。

その一撃は大王に手傷を負わせたが、その時ペルシャ兵の手槍が、キュロスの眼の下を撃った。戦いはそのまま大混戦となり、キュロスとその重臣たちは乱戦の中で討ち死にしたのである。

ギリシャ軍の奮闘で戦いそのものは優勢だったが、総大将のキュロスが戦死したことで、勝負は一瞬にして逆転してしまった。

ギリシャの傭兵軍にとってキュロスの死は、戦いの報酬を支払ってくれるスポンサーを失ったのみならず、戦場にいる意味さえもなくしたのである。キュロスの戦死を知ったキュロス軍の約三万人が、先を争って戦線を離脱しはじめた。

もたもたしていると、ギリシャ軍は戦場に孤立してしまう。ギリシャ軍はユーフラテス川沿いに北上をはじめ、戦線離脱を図った。

ところが、スポンサーを失ったギリシャ軍に対して、アルタクセルクセス側が話し合いを申し入れてきたのである。

アルタクセルクセス軍にとって、戦いの勝敗が決したこの情勢の中で、あえてギリシャ軍に襲い掛かって殲滅してしまう必要は無く、ギリシャ軍と戦って多数の犠牲者がでることを考えたのである。

ギリシャ軍のクレアルコスはこの申し入れを受け入れた。彼の頭の中には、ひょっとしたら、アルタクセルクセスがキュロスに代わって傭兵として雇ってくれるのではないか、という考えがあったのかも知れない。

しかし、話し合いのため、クレアルコスとその幕僚がアルタクセルクセスの陣幕の中に入ったとたん、彼らは囚われの身となり、全員が首を切り落とされたのである。

六〇〇〇キロの大逃走

ギリシャ軍には奴隷か死かの、選択肢しか残されていない。

クレアルコス亡き後、ギリシャ傭兵軍団では、統合幕僚会議委員会が設立された。その中の一人に若いアテネ人、クセノフォンがいた。彼はソクラテス門下でプラトンと机を並べたギリシャの哲人の一人である。

彼の著作はバビロンの戦いの発端からギリシャ軍の逃走経路と苦闘を詳述した長編「アナバシス」七巻をはじめとして、「キュロスの教育」八巻、「ギリシャ史（ヘレニカ）」七巻、「ソクラテスの思い出」四巻、その他ソクラテスに関する本、狩猟、馬術、騎兵戦術に関する著述など多数にわたっており、文武両道に精通していた。

ギリシャ軍の幕僚達は、今後の選択肢について協議した。

協議では、もし、ギリシャ軍が武装解除すれば、直ちに殺されるだろうという意見が大勢を占めた。したがって、この戦場を離脱して、故郷ギリシャに帰るという決断が下されたのである。

地図を開いて、そのルートが検討された。

アナトリアを通って、もと来た道を辿って帰るという案が出たが、これは危険すぎるとして否決された。となると、残る道は一つしかない。北に撃って出てギリシャの植民地トラペザス（後アルメニアとなり、現在はトルコ領）に向かう道である。その道はほとんどが山道であり、敵地であった。

こうして一万人の行軍が始まった。ギリシャ人傭兵団はアルタクセルクセス軍の反撃をかわしながら、兵士たちは現在のイラクの山道を登り、五カ月後に六〇〇〇人に減った兵士がトラペザスに入ることができたのである。トラペザス到着後、ギリシャ軍は黒海を船で西に向かい、紀元前四〇〇年の冬、ほとんど山賊に近いトラキア王セテウスと名乗る男に雇われて各地を転戦している。

しかし、春を迎える頃、給与の支払いに端を発してセテウスとの間で悶着が起こり、クセノフォンは兵士からいわれ無き嫌疑をかけられるが、このとき運良くスパルタの小アジア派遣軍から、クセノフォンの部隊が勧誘された。

この時期、スパルタがペルシャとの対決に踏み切ったからである。こうして紀元前三九九年三月の時点で、クセノフォンの率いる生き残り約五〇〇〇人はベルガモンにおいて、スパルタの将軍ティブロンの配下に入り、「アナバシス」は幕を閉じるのである。

このクナクサからベルガモンまでの流浪の旅の全行程は約六〇〇〇キロに達した。

彼らが六〇〇〇キロの敵地を通過するには敵軍との戦いだけではすまなかった。激しい砂嵐、酷暑、氷結した山の峠道、豪雨とその後に来る寒さと戦い、その上、兵士全員重い甲《かっ》冑《ちゅう》と武器を携えていたのだ。

何の補給も無いため、彼らは行く先々で食糧などを徴発し、木の実、草などを糧とした。当然ながら近代のような道も休憩所もない。医療支援、通信手段、そして希望さえも無く、山岳地帯の山々は彼らにとっては全く未知のものである。そんな中で唯一確実な事は、彼らの背中には死が重くのしかかってきていることであった。

この逃避行が奇跡だといえることは、かくも長距離で困難な道を踏破したということより、互いにライバルであった各ポリスの兵士たちが、協力し合ってこの偉業を成し遂げたというところにあるだろう。

このことは古代のみならず、近代の軍隊においても奇跡に近いことである。これら、大逃走劇を詳細に著したクセノフォンの著作「アナバシス・敵中横断六千キロ」がギリシャでベストセラーとなった。

本が出版されておよそ六〇年たった頃、ある若い王子がこの本を手に入れた。王子は寝る時もこの本を枕の下に置くほど親しんだという。

やがて、彼が権力を握った時、ペルシャに進行することを提案した。配下の将軍たちは、自国軍があまりにも規模が小さく、ペルシャには対抗できないとして反対した。

その時王子は「一万人のギリシャ兵がペルシャ軍を破った例がある。その通りのことをやれば、わが軍も勝利できるはずだ」と強く主張したのである。

若きマケドニアの王アレキサンドロス三世は、このようにして行動を始めた。

紀元前三三三年十一月、アレキサンダー王は、地中海東部の地イッソスでペルシャのダリウス三世との戦いに挑んだ。その時マケドニア軍は数万人、ペルシャ軍は三〇万人とも六〇万人ともいわれている。

この戦いに勝利したアレキサンダーは翌年にはエジプトを攻略し、アレキサンドリアを建設している。このことからすれば、アレキサンダー大王のインドにまで迫る大遠征のきっかけが、この大逃走劇にあったといえるだろう。

パックス・ロマーナと傭兵団

ポエニ戦役と傭兵団

古代世界において、国軍と傭兵団は明確な線引きをすることは難しい。当時の国家は古代ギリシャのポリスに代表されるような市民国家であり、規模も小さく人口も少なかった。したがって、国軍の規模も極めて限られたものでしかなかったのである。

しかし、古代ギリシャでは外部勢力からの危機に遭遇すると、ポリス間に呼びかけて同盟軍が結成され、さらにクセノフォンが賞賛したように外部から職業軍人が呼び込まれたのである。

ここに国軍と傭兵団を定義付ける困難さがあり、もし、同盟軍が金で雇われたとするなら、傭兵軍として定義付けられるだろう。

紀元前二一八年、アルプス越えに投入されたハンニバル軍を見ると、この軍は同盟軍と傭兵軍の両方の性格を持っていた。この独特な軍隊は紛《まぎ》れもなく、ローマにとって一〇〇〇年の歴史を通じてもっとも危険な敵であったといえよう。

紀元前三世紀、ローマはイタリア半島の覇権を握り、さらに海外領土を狙って、帝国主義的な対外膨張をはじめた。そして、ローマが初の海外領土として狙ったのが、シチリア島であった。

ローマは地中海の覇権をめぐって、アフリカの大国カルタゴと激突する。ポエニ戦役として知られるこの覇権争いは合計三回、足掛け一〇〇年におよぶ長期戦であった。カルタゴは西地中海における圧倒的な海軍力を用いて戦い、ローマはイタリア半島の強大な陸軍国として、カルタゴに対峙したのである。

その結果、紀元前二六四年〜二四一年に起こった、第一次ポエニ戦役ではカルタゴが敗れ、シシリー島をローマに割譲し、海軍を解体することになってしまった。

二〇年におよぶこの戦いで明らかになったのは、ローマ軍が市民皆兵の徴兵《ちょうへい》軍だったことの意味である。

ローマの市民は、自分たちの国土を守るために誇りを持ち、志願して兵士となった。したがって、兵士たちは高いモチベーションを保つことが出来た。

この戦いの時代には、イタリア半島には数千、数万の小規模地主たちが割拠し、彼らが同盟を組んで連邦を創り、同盟軍または連邦軍として戦うことが出来たのである。

当時のイタリア半島には、約六〇〇万人の人口があったといわれており、その人口の大きさが大軍を動員できる基盤にもなった。

一方のカルタゴは、ローマに比べて小国であり貿易国家であった。人口も少ないので、ローマのような市民の数も限られたものでしかない。したがってローマ軍のような、数と気質を備えた軍は持ちようがない。それに代わる莫大な富の蓄積があり、それを使って傭兵軍団で戦うこととなるのである。

このことが敗戦後のカルタゴを、なお一層の危機に陥れることになった。第一次ポエニ戦役で敗れたカルタゴは、一二万人を超える傭兵たちを本国に呼び戻し、給料を支払わなければならなかった。しかし、さすがのカルタゴも、二〇年にもわたる戦争で資金も底をつき、彼らに給料を払うことが出来なかったのである。

給料欠配に傭兵たちは反乱を起こし、当時カルタゴに隷属させられていたリビアなどに共同戦線を組むように持ちかけて、給料支払い要求の闘争を強力に繰り返したのである。この反乱は三年余り続いたが、後にアルプス越えで世界史に名を残すことになるハンニバルの父親ハミルカム・パルカ将軍が、四万人もの傭兵たちを殺害して反乱軍の鎮圧に成功した。ローマに敗れたカルタゴは、この傭兵団の反乱でさらに疲弊したのである。

ハンニバルのアルプス越えと傭兵部隊

敗戦後間もなくのカルタゴに、膨張主義の運動が勃興した。

第一次ポエニ戦役の間に反乱を起こしたイベリア半島に遠征し、再び植民地として支配しようとするものだった。

紀元前二二一年、ハミルカル将軍がケルト人に暗殺された後、このスペイン遠征のカルタゴ軍総司令官になったのが、二六歳のハンニバルであった。このようなカルタゴのイベリア半島への進出は、地中海の西側に対するカルタゴの圧力を増し、紀元前二一八年〜二〇一年に起こった、第二次ポエニ戦役の原因となったのである。

ハンニバルの戦争準備は、カルタゴ軍が傭兵に頼らざるを得ないことを、充分に承知して周到を極めていた。

傭兵として雇われたのは、ヌミディア人やその他のアフリカ人グループとスペイン人たちで、ハンニバルは、傭兵たちのそばに少数のカルタゴ人グループを、監視役として付けるというシステムを作ったのである。

ハンニバルは五カ国以上の言葉を操ることができ、各国から集まった傭兵たちに直接語りかけることもできた。

ハンニバルは、傭兵たちには戦士としてのプロ意識を訴え、協力して戦う教育に専念し、奴隷であった者たちには、戦闘に勝ったら自由を与えることを約束した。

ローマの侵略に抵抗する北イタリアのスペイン人、ケルト人、ゴール人たちには資金の提供と、戦争終結後には彼らに自由と独立を保障し、カルタゴは決して占領政策はとらないと約束して、カルタゴ軍に協力させることに成功した。ハンニバルは単なる軍人としての立場だけではなく、戦略的政治家としての役割を果たしていたのである。

彼のアルプス越え（紀元前二一八年）の成功は、このような地道な努力の積み重ねだといえる。

カルタゴ軍の傭兵たちは軽装歩兵、石投げ部隊、弓隊などから成り騎馬隊の補助的な部隊としての役割を与えられた。この軽装歩兵とカルタゴ人の騎馬隊という編成は伝統的なローマの重装歩兵の密集方陣戦術（ファランクス）と対極をなすものであった。このような、機動性を重視した独特の編成は戦場におけるハンニバルの戦術を特徴付けるものとなる。

ハンニバルは歩兵五万、騎兵九万、象三七頭を率いてピレネー山脈を超え、更に初秋のアルプス山脈を超えたが、多大な困難と犠牲を払ってしまった。アルプス越え直後の兵力は歩兵二万九〇〇〇、騎兵六九〇〇、象二〇頭に減り、兵力のほとんどを失っていた。

しかし、ガリアの都トリノを攻め、三日間の戦いで城を陥落させると同時に周辺部族と同盟し、ガリア人の傭兵を雇い入れて兵を補給し、ポー川とティチーノ川の間でローマ軍と戦って勝利した。

紀元前二一八年十二月二十二日、トレッビア川の戦いでもローマ軍を破り、ケルト人を兵力として補充したが、厳しい越冬でハンニバルの象は一頭を残してすべて死んでしまった。

紀元前二一七年、アペニン山脈を越え、この時片目を失ったが、トラシメヌ湖畔の隘路でローマ軍二個軍団を破った。ローマ領内に侵入したハンニバル軍は牛の角にたいまつを結びつけて夜襲をかけるなど、軽快で奇抜な戦法を用いてローマ軍を悩ませた。

次いで、カルタゴ軍はローマを迂回して、カンパニアに進出した。

紀元前二一六年、カンネーで八万余のローマ軍と対峙し、ハンニバル軍は半数の兵力でローマ軍を打ち破った。その戦闘でのローマ軍は、五万人を超える戦死者を出し史上最大の敗北を喫した。一方の、カルタゴ軍の被害は六七〇〇人とされている

カルタゴの弱点をついたローマ

この戦いの後、カプアなどの都市はカルタゴ側に付いたが、南イタリアのナポリなどの諸都市は強く抵抗した。

カルタゴ軍には本国からの物資の援助がなく、カプアに駐留を余儀なくされた。

紀元前二一三年、ハンニバルはローマに進軍を開始し、ローマ郊外のタレントゥムを攻略した。カルタゴ軍来襲の恐怖で、ローマ市民は夜も眠れぬ日を過ごすこととなったが、ローマは徹底的な持久作戦をとる。ハンニバル軍は機動力を重視した軽快な編成で、ローマを攻略できるほどの装備と能力を備えておらず、最終的にはカプアに引き返さざるを得なかった。

そうした紀元前二〇七年に、義弟ハズドルバルが、援軍を率いてアルプスを越えて到着した。だが、メタウルの戦いでローマ軍に破れ、ハズドルバルは戦死してしまう。

ローマの元老院は軍隊を再編成し、カルタゴ軍への反撃に出る。反面、カルタゴ軍には、ハンニバルが期待したマケドニアやスペインからの援軍はなく、激しいカプア攻防戦の後は、次第にカルタゴ傘下の都市を奪還されていった。

紀元前二〇四年、ローマのスキピオが率いる大軍が、地中海を渡ってアフリカのカルタゴを急襲した。この作戦はハンニバル軍に大きな動揺を与えた。カルタゴ軍の中で中核となっていたアフリカ出身の傭兵団が、故郷をローマ軍の攻撃にさらされるのを心配したのだ。その動揺はカルタゴ出身の兵にも波及し、次第に戦闘意欲が削がれていったのである。

ハンニバルにはイタリア半島での戦闘にも見通しが立たなくなり、カルタゴ本国が攻撃にさらされている状況はいかんともし難く、本国に召還されることになった。

紀元前二〇二年、ザマの決戦でハンニバルは破れ、翌年にはカルタゴとローマは講和し、ついに第二次ポエニ戦争は終結した。

ハンニバルはその後、行政長官になって国内整備に取りかかるが、政敵のたくらみにより、シリアと通謀して再びローマに攻撃を仕掛ける準備をしているとの嫌疑を受け、シリアのアンティオコス三世のもとに亡命した。

紀元前一九〇年、自らがシリアの傭兵となったハンニバルは、シリア艦隊を指揮してマグネシアの海戦でローマ軍に挑んだが、あえなく敗れてクレタ島に逃れた。

紀元前一八三年には小アジア北部のビテュニア（マルモラ海、ボスボラス海峡、黒海に接する小アジアの地域）のプルシアズ王のもとに逃れたが、ここへもローマの手が回り、ハンニバルは自分の指輪に隠していた毒をあおって自殺した。

その後のカルタゴは、奇跡的な復興を成し遂げたが、それを脅威と感じたローマが、戦いを仕掛けてきた。この第三次ポエニ戦役は前一四九年〜一四六年まで続き、カルタゴが三度目の敗北をした。

そして、カルタゴは徹底的に破壊され、地上から消滅した。

史上最強のスイス傭兵団

スイス唯一の輸出産業

ローマ教皇を含む数多くの王朝が、自分のみを守るための私的なガードマンとして、険しいスイス山岳地帯の土着人を雇っていた。スイス人たちはドイツで皇帝の護衛として雇われて以来、王朝関係者たちは自国民を使うよりも、外国の優れた警護人を雇う方が理にかなっていることを悟ったのである。

なぜなら、地元の民はさまざまな政治的状況によって動くが、外国人はそのような政治的な状況とは関係なく職務をまっとうできるからである。その点からも、スイス人は職業軍人として常に最高ランクに位置づけられていた。

現在のスイスは、政治的には永世中立を唱え、時計などの精密機器の産業とアルプスの観光拠点として有名だが、視点を変えてみると、気候的には非常に厳しい山岳寒冷地で、耕作面積が極端に少なく貧しい土地柄である。

スイスの風土は険しい山間部に、ヤギや羊を放つ粗放酪農経済に頼るしかなく、それも狭い山間部で限度がある。男たちは山間で暮らすことで足腰が鍛えられて屈強だが、出稼ぎに出なければならない暮らしであった。

スイスにはシラーの劇作「ウィルヘルム・テル（ウィリアム・テル）」にあるように、自由の闘士の舞台となるような気運が満ち溢れ、こうした男たちにとって、当時の最大の雇用先は戦場であった。

このような自国の背景の中で、スイス当局は屈強な傭兵を欲しがっている、ヨーロッパ各国の要望を一括してまとめ上げ、傭兵プロモーターのような役割を果たし、効率よくスイス人傭兵を輸出するシステムを作り上げていた。その最大の得意先はフランスである。

フランスは、一四七四年のブルゴーニュ戦争のために、傭兵の正式な国家間契約をスイスと交わした。ブルゴーニュ戦争は、フランス王ルイ十一世とフランス王家の分家であるブルゴーニュ公国のシャルル公の間で起こったフランス王家の勢力争いであるが、スイス傭兵はルイ十一世側に雇われていた。

歩兵を主力とするスイス傭兵団は、騎士団を中心とした騎兵と戦って連戦連勝した。勝利の大きな要因は、長槍を持ったスイス歩兵団が、指揮官の命令のもと密集し、ドラムの合図で一糸乱れず縦横に働いたところにある。

誇り高いブルゴーニュ騎士団は、氏素性もないスイスの傭兵団を軽く見る意識が働いていた。騎兵戦にこだわって戦場では統一した動きがとれず、各個バラバラに動いて集中と拡散を繰り返すような自在な戦いが出来なかったのである。

ナンシーの戦いではブルゴーニュ軍が壊滅的敗北を喫してシャルル大公が戦死し、戦争はルイ十一世側の勝利に終わった。

こうしたスイスの歩兵団の出現は、これまでの騎兵中心の戦術を根底から覆す、新しい戦闘方法を示したものとなった。

ブルゴーニュ戦争で「無敵」の名声を得たスイス傭兵団への需要は一気に高まり、フランスだけでなくローマ教皇、神聖ローマ皇帝、イタリアの諸都市などが、先を争ってスイス傭兵団を雇うようになった。現在でもローマ教皇庁では、スイス人傭兵を教皇の護衛として雇っているほどである。

ブルゴーニュ戦争以来、スイス傭兵団とフランス王朝との関係は、ことのほか緊密となり、一七九二年のフランス革命で、王制が消滅するまでの間に、五〇万人以上のスイス人傭兵がフランスのために戦死したとされる。

スイス傭兵団最後の戦い

一七八九年、ルイ十六世の退位によってフランス革命は成立した。しかし、現実にはこれから三年以上にわたって国王は存在し、革命政府はイギリスの立憲君主制の一部を取り入れて、政治的妥協をはかろうとしていたのである。

一七九二年、ジャコバン党の過激派が、穏健派の政府を激しいテロで追い詰めて打倒し、ルイ十六世を死刑にするまでは、完全な王制打倒にはいたっていなかったのである。

一七九二年四月二十日、革命政権であるフランス立法議会は、まだ国王の地位にあったルイ十六世の名前で、オーストリアに宣戦布告をした。この宣戦布告に、当初、中立の立場を取ると思われていたプロイセンが、オーストリアと同盟を結んだ。

プロイセンの狙いは、王朝を廃止するフランス革命を潰し、自国の王制を守ることにあった。ルイ十六世も、これらの外圧を利用して、革命を挫折させて王朝の延命を狙った。

ルイ十六世を警護するスイス兵は、赤い制服で他の軍隊とは明らかに違うエリート部隊で、自他共に旧体制に忠誠をつくすと認められていた。したがってスイス傭兵団は、王朝に反対する革命派からは憎悪の的にされている。

フランス国王の名によって、オーストリアへ宣戦布告がなされたことで、パリの街には、国王とフランス立法議会に対する市民に敵意ある噂が流されていた。「国王と立法院に対する陰謀があれば、プロイセンとオーストリア同盟軍がパリを破壊する」「革命に加担することを辞めると宣誓しない者は反逆者とみなし、処刑するという声明が国王派から出された」などである。

実際にはプロイセン同盟軍の、ブラウンシュヴァイク総司令官の声明だったが、市民たちは大いに動揺し、革命派は国王派に全面戦争を仕掛け、中立の市民たちも、その立場を明確に示さねばならなくなった。この噂の流布は、ルイ十六世がプロシャとオーストリアの軍隊をパリに引き入れて、反革命戦争に利用しようとした挑発行為だともいわれている。

一七九二年八月九日の午後、革命派の武装勢力が、国王のいる宮殿になだれ込む準備をしていることが明らかになった。

この情報を受けたスイス警護隊七五〇名は、夜を徹して防御態勢を整え、扉と窓にはバリケードを築き、中庭を見通せる場所には弓隊を配備した。フランス国家防衛軍には国王のために命を捨てようとする者はほとんどなかった。

八月十日朝、ルイ十六世がスイス警護隊に、任務を忠実に全うするように呼びかけた。国王の最後の激励にスイス警護隊は奮い立った。だが、フランス国家防衛隊は国王をあざけり、制服を脱いで脱出し、城を取り巻いて今にも城内になだれ込もうとしている数万人の反国王派の群集に紛れ込む者もいた。

国王は警護する者たちに誠意を求めながら自らに誠意はなく、演説の直後には家族とともに宮殿から逃亡し、中庭を通って議会の中に入った。

宮殿を囲む革命派には、あくまでも王と宮殿を守ろうとするスイス警護隊の意図をはかりかねて混乱する場面もあったが、やがて革命派に付いたフランス国家防衛隊の約一〇〇名が宮殿に接近して一斉に射撃を開始し、いよいよ武装蜂起が始まった。

この最初の交戦で革命派は、スイス傭兵隊が派手な衣装を着けただけの玩具の兵隊ではなく、非常に高度な訓練を受けて統制の取れた戦いをすることを思い知らされたのである。

スイス警護隊は万を超える革命軍を相手にして、驚くべき勇気と戦闘能力を見せ付けた。彼らは馬に乗って城門を飛び出し、革命軍に逆襲を仕掛けたのである。革命軍はその勢いにたじろいで銃を捨てて逃げ出した。

スイス警護隊はそれらの銃を城内に持ち帰り、今度はその銃で革命軍に猛攻を加え、動きを封じて釘付けにしてしまった。だが、七五〇人の傭兵団にとって防衛範囲が広すぎた。それに、いくら敵の攻撃を跳ね返して死体の山を築いても、革命軍は城内に入ろうと押し寄せて来る。

警護隊の準備した武器弾薬も底を付きはじめ、警護隊にも戦死者が増えてくる。数時間後には全員が弾薬を撃ちつくし、しばらくは銃剣を使って革命軍の進入を食い止めたが、そこまでであった。

戦闘の途中に警護隊の分遣隊が城を抜け出し、弓矢や弾丸が飛び交う中を駆け抜けて、国王のいる議会に入った。国王と家族を脱出させるためであったが、国王は速記者席に隠れて、数人の議員が今後どうするかについて、まとまりのない議論を続けているのを聞いていた。

戦闘での血に染まったスイス警護隊の兵士が飛び込んできたことに、国王と議員たちは驚きパニック状態になった。国王は脱出を促すスイス警護隊の言うことを聞かず、議会を離れることも拒否して、警護隊に対して革命派に降伏するよう命令したのである。

スイス警護隊員は降伏した後に何があるかは全員が承知していたが、国王の命令に従った。

武器を置き、隊列を組んで城門を出たのである。

それを見た革命派は、スイス警護隊員を容赦なく攻撃し殺戮した。ある者は引き倒されて首を吊るされ、またある者は石を投げられたり、刺し殺されたりした。こうしてスイス傭兵団は粉砕されたのである。

スイス警護隊員の中でも、全員が盲目的に王の命令に従ったのではなく、幾人かは武器を捨てずに戦い続け、一方では、雇用契約が切れたと見なして、制服を脱いで逃げようとした者もいたが、結局は全員が殺害されたのである。

スイス警護隊の抵抗が終わるとともに革命派と群集が宮殿内になだれ込み、王の一族とその取り巻きたちを逮捕し、全員を処刑した。

こうしてフランス革命は成ったと同時に、雇用主に対して忠誠を見せたスイス警護隊の勇名は語り継がれることになった。

日本の傭兵集団

行動機敏な傭兵は「足軽」とよばれた

一四六七年（応仁元）、足利幕府下の有力大名の畠山氏、斯波《しば》氏の家督争いを発端とする応仁《おうにん》の乱《らん》が勃発した。これを契機にして戦国時代に突入するが、ここで大量の傭兵歩兵部隊が誕生している。

戦乱のために農地を捨てて棄民《きみん》となった食い詰め者たちや、戦場の近在の村々から狩り集められた農民たちは、集団の力で敵に立ち向かう者たちであった。こうした未訓練の歩兵たちは「足軽《あしがる》」と呼ばれ、この足軽たちは足軽大将に率いられて、京の東西で陣を張る山名軍や大内軍に雇われて、身軽ないでたちでゲリラ戦を展開し、略奪などの狼藉をほしいままにし、都人《みやこびと》を恐怖させたのである。

戦国時代は約一五〇年続いたが、その戦争に動員された無数の雑兵たちにとっては、戦《いくさ》は食うための手段だったのである。応仁の乱当時は戦争が最大の産業であったといえるだろう。足軽たちが略奪をほしいままにできたのは、兵の雇い先を斡旋する口入《くちいれ》業者と、略奪品をさばく故買《こばい》業者が出現して大いに発展したからでもある。

足利幕府末期ともなると、京に強大な権力は存在せず、戦争ビジネスは口入れ屋や故買屋などの民間企業家の独壇場であった。傭兵隊長はこれら戦争企業家が兼ねていたのである。後に関白となる豊臣秀吉、それに率いられた蜂須賀小六などは、もともとはこれらの「足軽」と呼ばれた食い詰め農民から、戦争ビジネスの世界に飛び込んだ者たちであった。こうした戦国の乱世で、天下統一を目指して駆け抜けた織田信長、豊臣秀吉、徳川家康たちの戦力を根底の部分で支えたのは、戦いの意味などには一切関係せず、ひたすら食うため、生きるために戦った傭兵たちであった。

鉄砲技術者集団の根来衆と雑賀衆

戦国期の戦いは鉄砲の出現で大きく変化した。戦国中期以降、鎧兜に身を固めた騎馬武者が戦場を駆け巡り、華々しい一騎討ちを演じるというような戦いはなくなってしまった。

一五四三年（天文十二）に、種子島に漂着した中国船に乗るポルトガル人から伝わった二挺の鉄砲が、戦国期の合戦を変え、新しいタイプの権力者を生み出す結果となったのである。

そのことを具体的に示したのが「長篠の合戦」である。当時の天下最強とされた武田騎馬軍団が、織田・徳川連合軍の新兵器鉄砲の前に、全滅に近い敗北を喫してしまったのである。

この鉄砲をいち早く取り入れ、その製造から戦闘力までを提供する、新しいタイプの傭兵集団となった私兵団が出現した。それが紀州の根来衆《ねごろ》と雑賀衆《さいか》と呼ばれる戦争技術者集団である。

種子島に鉄砲が伝来した二年後の一五四五年（天文十四）には、最初に鉄砲の復製品が出来ている。新兵器鉄砲の存在を聞いて種子島を訪れたのが、紀州那加郡小倉荘領主津田監物《けんもつ》と、泉州堺の商人橘《たちばな》屋又三郎である。津田監物は種子島の二挺の鉄砲のうちの一挺を手に入れ、橘屋又三郎は種子島で鉄砲のコピーに成功した、鍛冶の八板《やいた》金兵衛に弟子入りして、その製法技術を持ち帰った。

津田監物は紀州根来（現・和歌山県那賀郡岩出町）の刀鍛冶に鉄砲の複製を命じ、一五四五年には紀州第一号の鉄砲が誕生したとされる。これ以降、根来では鉄砲を量産し、監物の弟で根来寺子院の院主であった津田明算《みょうさん》が、武装化して寺院の防衛力とした。それが鉄砲傭兵集団としての根来衆の出発点だ。

鉄砲の産地には、橘屋又三郎が鉄砲の生産を始めた堺、将軍足利義晴《よしはる》が鍛冶善兵衛に鉄砲の製作を命じたといわれる近江坂田郡国友《くにとも》村が有名である。国友村は後に長浜城主となった羽柴秀吉の支配地に入り、織田信長の軍団に鉄砲を供給する一大産地に発展していった。

戦国期の紀州は高野山を筆頭に、熊野三山の大寺院勢力が強く、紀州を統治できる力を持った大名が出現しなかった。その結果、各土豪たちが割拠する状態になっていた。

紀州北方の根来には、一一四〇年（保延六）に高野山から分かれて移った根来寺があり、僧兵などの武装集団に津田一族が勢力を張り、鉄砲の製造に成功した津田監物は根来衆の中心的な統率者となった。監物は津田流砲術の開祖となり、根来衆の僧をこの画期的新兵器を操る専門技術者集団として育成し、傭兵としての付加価値を高めたのである。

彼らの戦闘技術は高く評価され、織田信長が本願寺を攻めた石山合戦では雑賀衆と組んで、それぞれの利害に沿って複雑な動きを見せている。鉄砲を巧みに使って武田軍を打ち破った織田信長だったが、石山合戦では本願寺の鉄砲隊の前に、塀一つ崩すことも出来なかったのである。また、根来衆は一五八四年（天正十二）の小牧・長久手の戦いでは、徳川家康軍に加わり秀吉軍の背後を脅かしている。

一五八五年（天正十三）の秀吉の紀州攻めによって、根来衆の傭兵集団としての終焉を迎えた。この年三月、秀吉が徳川方の傭兵となった根来衆に討伐軍を差し向けたのである。根来衆は津田一族で僧兵でもあった杉ノ坊照算《しょうさん》に率いられて果敢に戦ったが、秀吉軍の一〇万を超す大軍の前に力尽き、傭兵としての根来衆は根絶されたのである。

紀州にはもう一つ強力な傭兵集団があった。雑賀荘（現・和歌山市）に居を構える雑賀衆である。雑賀衆は紀ノ川下流域に広がる一帯を中心とした、地域連合的な集団の総称である。かれらは優れた水軍と、大量の鉄砲によって高い戦闘力を持っていた。

雑賀衆には五つのグループがあり、それぞれの統率者による合議制自治体であった。しかし、その立地条件からくる生活基盤の違いがあり、必ずしも一枚岩の行動を取ったというわけではなかった。海に面した本拠を持つグループは「海賊門徒」とも呼ばれ、強力な水軍を持っていた。漁をしたり遠い薩摩や四国などとも交易し、さらには海賊行為などで生活の基盤を築いていたのである。

これに対して、やや内陸部のグループには水軍が無く、代わりに肥沃な土壌からの農業生産が主な財源となっている。位置的にも根来寺に近かったことで根来衆と交流があり、傭兵としての行動をともにした場合も多かったのだ。事実、根来寺が秀吉に攻め落とされたときには、こうした雑賀衆も寺や城に立て籠もり、壮烈な最期を遂げている。

戦国の最盛期には雑賀衆全体で五〇〇〇挺の鉄砲を持っていたとされている。石山合戦では鈴木孫一《まごいち》を中心とした雑賀衆の鉄砲隊は、本願寺の有力な戦力として活躍し、海路からの補給にも従事した。しかし、一五七七年（天正五）、本願寺の孤立化を計る信長の海陸からの攻撃を受けていったんは降伏した。

その後、秀吉の紀州平定によって根来寺が炎上し、根来衆が滅亡した翌日の一五八五年三月二十五日、秀吉は雑賀の太田城攻略に取り掛かった。秀吉軍は九〇〇〇人の兵を三波に分けて攻めかかったが、雑賀軍五〇〇〇人が近くの森や、家の陰などのいたるところに鉄砲隊を伏せ、猛射を浴びせてこれを撃退した。

この待ち伏せ攻撃で秀吉軍は軍団長クラスの武士五一名を失ったという。秀吉は城を取り囲み、得意の水攻め作戦を成功させ、鈴木孫一を降伏させた。太田城主太田左近《さこん》も兵糧が尽き降伏を申し入れた。

秀吉は太田左近など主だった者の切腹を条件に、城兵の命を助けることに同意し、戦闘集団としての雑賀衆は終わったのである。

海外に飛躍した日本人傭兵たち

一六一五年（元和元年）、大坂夏の陣が終わって戦国時代も終焉し、徳川幕府の下での長期安定政権が続くこととなる。しかし、三代将軍家光《いえみつ》の頃までは、豊臣方大名の家臣たちが浪人となって、政治的な不安定要素となっていた。

一五〇年の間続いた戦国のエネルギーが行き場を失っていた。

彼らは日本から離れて、東南アジア各地に傭兵となって雇われるか、倭寇《わこう》となって中国沿岸や東南アジア地域で狼藉を働いた。その中で最も有名なのがシャム国（現タイ）で傭兵隊長となった山田長政《ながまさ》である。

山田長政に関する歴史的な記述は、タイの義務教育の教科書にも登場する。

長政は駿河《するが》の沼津出身で、沼津城主大久保忠佐《ただすけ》の駕篭《かご》かきをしていたという説もあるが、一六一二年に朱印船でシャムに渡った。津田又左右衛門が統率する日本人傭兵隊に加わり、頭角を現してアユタヤ郊外の日本人町の頭領となっている。

一六二一年のシャム国使節の日本来朝に際して、幕府に斡旋状を送るなど両国の国交・親善に尽力している。また自らも日本やマラッカ、バタビアなどに商船を派遣して貿易を営んでいる。

シャム国内の内戦や外征に、日本人傭兵部隊を率いて活躍し、アユタヤ王朝の国王ソンタムの信任を得て、一六二八年には王女と結婚。第三位の官位であるオークヤー・セーナーピムックを授けられ、チャオプラヤ川に入る船から税をとる権利を得て莫大な資産を貯えた。

ソンタム王の死後、王位継承の騒乱に加わって宮廷内で反感を買い、タイ南部のナコーシンタマラート（ナゴール）の防衛を理由に、太守として左遷された。一六三〇年タイ南部で国境を接するパタニ王国軍との戦闘中に脚を負傷、傷口に毒入りの膏薬《こうやく》を塗られて死亡する。オランダの資料の記述では、アユタヤ王朝で長政に敵対する勢力が毒を塗ったとされている。

その後、長政の息子のクン・セーナーピムックが、ナコーシンタマラートの知事を継いだが、内部対立で同じ日本人傭兵によって殺害された。それをきっかけにして、シャム王朝内では長政に敵対する勢力が中心になって、日本人を危険視する見方が有力となった。

日本人に反乱の可能性があるとして、シャイフ・アフマドらの率いるアラビア人、タイ族、華僑で組織する軍隊によって、アユタヤの日本町は焼き討ちにされたのである。

当時の東南アジアは、ポルトガル、スペインなどのアジア植民地化先発国と、オランダ、イギリスの後発組とがしのぎを削っていた。オランダとイギリスもまた、互いに東インド会社を設立して対立関係となっている。このような国際情勢の中で、十四世紀から活発な活動を続けていた日本人倭寇たちの勇猛さは、傭兵となる資格に充分であった。

ヨーロッパの各国だけでなく、アジアの各王朝からも日本人傭兵部隊への需要は大きく、無数の山田長政が東南アジア各地に傭兵として雇われていったと見てよいだろう。

一六二一年（元和七）、国内安定を図る徳川幕府は日本人の渡航を禁じ、あわせて武器の禁輸令も発布した。日本がスペイン、ポルトガル、イギリス、オランダの有力な兵站基地となることを避けようとしたのである。このようにして海外との接触を断つことで徳川幕府の鎖国政策が進み、その後およそ二五〇年を経て徳川幕府の崩壊時まで、傭兵は出現する機会を失った。

幕末になって、幕府側勢力の傭兵集団「新撰組」が出現するが、その勢力は些細なものでしかなかった。やがて明治となり、徴兵制が敷かれると国家の軍隊となり、日本での傭兵の存在は皆無となったのである。

第三章　紛争地に戦争ビジネスあり

アンゴラのアメリカ人傭兵部隊

東西対立の中で生まれた戦闘部隊

第二次大戦後、最も激しい国内闘争を繰り返したのはアフリカの小国アンゴラである。アンゴラは、他のアフリカ諸国の例に漏れず、外部からの支援がなければ棍棒程度の武器で戦うしかなく、死者の数も少数ですんでいた。

だが、アンゴラ内戦での死者数は、一九九四年の一年間で一五〇万人を超すといわれ、死者数ではアフリカ有数のジェノサイドとなっている。

アンゴラの内戦を激しくしたのは、外国からの傭兵が大量に投入されたことが大きな原因の一つである。東西冷戦の最盛期に始まったアンゴラ内戦は、アメリカ、キューバ、ソ連、南アフリカ、イギリスなどの、欧米諸国をはじめとする世界中の傭兵たちの活躍場所となっていたのだ。

アンゴラは、一四八三年にポルトガル人が上陸し、一四九〇年からポルトガルの植民地経営が始まった。

その後、大きく時代が変わって、一九五一年にはポルトガルの海外県となるが、そのころから民族運動がはじまった。これに対して、最後の植民地帝国と呼ばれたポルトガルは、石油、鉄鉱石、ダイヤモンド、コーヒーなど、資源豊富なアンゴラの支配に固執し、独立運動へ厳しい軍事的弾圧を行なってきたのである。

ポルトガルの過酷な植民地政策に対抗して、アンゴラ国内では「アンゴラ人民解放軍（MPLA）」、「アンゴラ民族解放戦線（FNLA）」、「アンゴラ全面独立民族同盟（UNITA）」、という三つの組織が結成され、相互に衝突を繰り返しながらもポルトガルとの武力闘争を展開していた。

一九七四年四月、ポルトガル本国でクーデターが発生して軍事政権が成立した。

一九七五年十一月十一日、ポルトガルの新政権は、アンゴラの独立を承認した。その時、アンゴラ側のとりあえずの受け皿として、MPLAが政権を担うことになった。しかし、あまりにも急なポルトガルの撤退は、独立後の政府樹立に十分な時間的余裕を与えなかった。その結果、解放勢力同士の主導権争いがはじまった。

東西冷戦のまっただ中で起こったこの混乱に、当然のようにアメリカ、ソ連両陣営が影響力を示そうと紛争に介入した。MPLAの側にはソ連の軍事支援と、キューバ軍部隊が派遣された。一方、FNLAにはアメリカ、ザンビア、ザイール（現・コンゴ民主共和国）、中国などが、軍事援助をし、さらにＵＮＩＴＡには南アフリカが軍事援助と実戦部隊を派遣した。

アンゴラ国内は三つ巴の内戦に陥ったが、戦局は次第にＭＰＬＡ対反ＭＰＬＡとなり、内戦は外国勢力の介入で国際紛争の様相を示すようになったのである。

一九七五年、ＵＮＩＴＡが西側の支援を受けて、内戦に一応の勝利を勝ち取り「アンゴラ人民共和国」の樹立を宣言したが、その後も米ソの支援が続いて傭兵部隊などが投入され、戦争は継続されていったのである。

グリーン・ベレーの申し子

アメリカは、反ＭＰＬＡ勢力のＦＮＬＡを全面的に支援し、武器とともにベトナム戦争経験者を中心にした傭兵を大量に送り込んだ。その中で最も果敢に戦った傭兵の一人として、ジョージ・ベーコン三世がいる。

ＣＩＡ報告一九六九年～一九七二年によるとジョージ・ベーコン三世は、一九四六年に生まれ、幼少時をマサチューセッツで過ごした。ジョージタウン大学では陸上競技をはじめ水泳、ダイビングなどに熱心に取り組み、スポーツでも高い成績を収めていた。

また、この時期に反共思想に共鳴し、自由主義を守らねばならないとの考え方を強く持ち、その思いは年月を経るごとに強くなり、ベトナム戦争で戦うことを決意した。

大学を二年で中退して陸軍に入隊し、特殊部隊要員としての訓練を受けた。ベーコンの希望通り、任地はベトナムであった。

ベトナムで特殊部隊員としての任務に就きながら、ラオス語とベトナム語を学んだ。彼には語学の特殊な才能があったようで、この言語を短期間でマスターした。

ベーコンはベトナムの少数民族を、特殊部隊と一緒に戦う傭兵部隊に仕立て上げる任務についた時、メオ族の言葉にも精通するようになった。メオ族の言葉を自由に操ることのできるアメリカ人はほとんどなく、彼の特殊な才能は特殊部隊の中でも高く評価されたのである。

ベーコンは、もっぱら少数民族と連携してラオス、カンボジア国内の偵察や、ホーチミン・ルートの破壊工作に成果を上げた。この頃の彼の活動の中で目立つのは、少数民族とともに北ベトナムに潜入した偵察行であった。

潜入するメンバーはベーコンと少数民族傭兵五人で、彼らの任務は北爆に向かうB52爆撃機に目標を設定することと、爆撃のための最新データを送ることであった。このミッションは、現地語でコミュニケーションが取れるベーコンに適任だった。

一九六九年四月、ベーコンは大学に復帰したが、ベトナムでの経験からすれば、日々の生活があまりにも退屈で刺激がないことにうんざりしていた。当時の彼はベトナムで一緒に戦った戦友たちに送った、大学での日常生活の虚しさを訴える手紙では「Christians in Action」（非常によく知られたCIAをあらわす隠語）で働くつもりだと書いている。

やがてベーコンは、ベトナム時代の戦友を通じてCIAに入り、東南アジアでの特殊任務に就いた。彼に与えられたミッションは、メオ語の能力を生かして山岳民族に接触し、ラオスやカンボジアの山岳地帯で、少数民族の反乱軍を組織し、共産党政権を混乱させるというものである。

ベーコンはメオ族のバン・パオ将軍と連絡を取り付けて交渉を成功させた。ベーコンはこれらの功績で、任務期間中に三回ものCIA功労賞を受けている。だが、ベトナム戦争が終わると、CIAでのベーコンの活躍場所も少なくなり、一九七五年十二月にCIAを退職した。

ベーコンは、アンゴラ内戦の実情を取材するため、フォト・ジャーナリストとして南アフリカに飛んだ。アンゴラには、極左のMPLAをバック・アップして国家を統治させるために、キューバ軍が投入されていたのである。

ベーコンは反共武装組織のＵＮＩＴＡに、自らを売り込んだ。

彼はいったんアメリカに帰国してから、ザイールの首都キンシャシャに飛び、アメリカ人の傭兵部隊と接触した。

アメリカ政府は、キューバ軍がアンゴラ内戦に介入して、左翼組織に政権をとらせようとするのを阻止するために、反左翼武装組織ＦＮＬＡに参加させる傭兵部隊を組織したのである。ベーコンは、ベトナムでの功績が高く評価され、すぐさま入隊することになった。彼は戦う男として、アンゴラの戦いに飛び込んだのである。

アンゴラ反乱軍と傭兵

ベーコン三世が入ったＦＮＬＡのキャンプでは、基本的には英語がコミュニケーション言語として使われていたが、アメリカやイギリス、ドイツなどの他にも、南アフリカやザイールなどアフリカ諸国の傭兵たちが集まり、人種も言葉も違っていたが、ベーコンにはベトナムのジャングル戦で経験したようなことが多く苦労することではない。

政府軍の車両部隊を待ち伏せして攻撃するアンブッシュは、かつて北ベトナムの奥深く潜入し、山岳民族の傭兵たちとさかんに工作を繰り返したときと比べて、湿気が少ないだけやり易い環境であった。

現地アフリカ出身の傭兵たちは、ジャングル内の知識に富んでいた。

たとえば、ベーコンのプラトーンのザイール人傭兵の一人は、ジャングル内に侵入してくる異物に驚いて騒ぐ動物たちを、静かにさせる方法を知っていたし、敵が待ち伏せしていると、動物の声を聞いてその位置を知るという、信じられない能力も持っていた。

ベーコンはその種の驚異的な能力については、ベトナム戦争で山岳民族のモン族傭兵たちと行動をともにしたのでよく知っていた。傭兵隊長であるベーコンは、彼らの能力を巧みに引き出し、いろんな作戦を成功させている。

一九七六年二月、アンゴラ政府軍を援助するキューバ軍の動きが活発化し、その動きを封じる作戦が実施された。ベーコンの部隊はキューバ軍の補給ルートにある二つの橋を爆破して補給路を断つ命令を受けた。

このミッションにはベーコンのほかに二人の欧米人が加わった。一人は元イギリス空挺隊員でミッチェル・T・シャープリーである。イギリス軍を離れて、イギリスの旧植民地であるローデシア陸軍に移り、退役したプロのベテラン傭兵だ。FNLAの傭兵となっていたベーコンの先輩に当たり、ベーコンがキンシャシャで現地採用される二日前に出会ったのである。

　もう一人はアメリカ人のグレイ・アカーといい、アメリカ海兵隊員でベトナム帰還兵だ。一隊を引き連れたシャープリーは、キューバ軍の動静を偵察する任務に就いた。

アカーはベーコンの部隊とともに、目標に爆薬を仕掛ける作業に入った。早朝から始まった作業は昼近くにはほぼ完璧に終わり、ベーコンたちは昼食の準備をはじめた。

　シャープリーからキューバ軍の動向に関する連絡が入るのを待ったが、全く連絡がなく、敵の動きは無いように思われた。

　昼を少し過ぎたころ、突然にソ連軍のランドローバーと軽戦車が現れた。そのコンボイには、キューバ兵が鈴なりになって乗っていた。彼らはベーコンたちの部隊に一直線に向かってきて、一斉射撃を浴びせてきたのである。

　アカーとベーコンは、爆薬の起爆装置に飛びつきスイッチを入れて橋を爆破した。敵がひるんだ隙に体勢を立て直そうとしたが、キューバ軍の進撃速度が速く間に合わない。二人は部下数人ずつを連れて、道の両側に分かれてキューバ軍を迎え撃つ態勢をとった。

　キューバ軍の射撃に地面に伏せたアカがふと見ると、ベーコンは銃弾に当たって、彼の体が二度跳ね上がるように見えた。ベーコンは、そのショックからか銃弾飛び交う中に立ち上がり、銃を構えてキューバ軍に向かって連射した。

その直後、ベーコンの胸の二カ所から血が噴出し、彼はひざを折って崩れ落ちた。アカーはその光景を見て、右手を高く上げてベーコンに別れを告げた。一九七六年二月十四日のことである。

ベーコンは死んだが、アンゴラの内戦は継続された。

一九九一年にアンゴラ包括和平協定が締結されると、翌年には新憲法が制定され、旧MPLA主導の「アンゴラ民主共和国」が誕生した。

しかし、一九九二年の大統領選挙で不正があったとして、UNITAが選挙結果の受諾を拒否し、その後も度重なる交渉が行われたが内戦は繰り返されたのである。

一九九七年三月には、ドスサントス大統領のもとで、UNITAの一部も参加した国民統一政府が誕生したが、一九九八年には、UNITAの武装組織を軍隊へ編入し、武装解除する問題を契機にして再び戦闘が起こり、UNITAが国土の七〇パーセントを制圧した。

その後、PKOのアンゴラ監視団の輸送機が二機撃墜されるという事態にまでなり、国連職員の誘拐やPKO部隊への攻撃など国連部隊への憎悪も深まっていった。

この状況の中で、一九九二年二月にアンゴラ停戦監視団は撤退を開始。内戦は再び激化し、二五万人が難民となった。

これらの内戦の背景には、ＵＮＩＴＡとＭＬＰＡの利権争いが深いかかわりを持っている。アンゴラの石油資源はアフリカ最大といわれ、その埋蔵量は現在アフリカ第一位のナイジェリアをしのいでいる。また、世界第五位のダイアモンド鉱山を持つことでも有名だ。

キューバや中国、ロシアが石油資源を持つ政府側支援を継続し、対するＵＮＩＴＡには天然のダイアモンド鉱山があり、双方の資金が尽きる事がない。そのため多量の武器が流入し、傭兵を雇用する資金も潤沢なのだ。

このような終わりの見えない内戦に、変化が見えたのは二〇〇二年になってからである。ＵＮＩＴＡ議長のザビンビ氏が戦死したため、糾合力を失ったＵＮＩＴＡが弱体化し、ついに停戦合意文書に調印し、国家再建と和平への兆しが見えてきている。

しかし、豊富な地下資源を巡る国内・国外の利権を巡る闘争は、解決したとはいい難いのがアンゴラの現状である。

革命と戦争市場

キューバ危機と傭兵

十九世紀末以降、キューバはアメリカの保護国となっていた。その間にアメリカ資本が続々と入り込み、第二次世界大戦後は大地主たちに支持されたバティスタ独裁政権と結びついて、アメリカは莫大な利益を上げていった。とくに、砂糖産業などキューバの資源の多くをアメリカ企業が支配するようになり、キューバ政界の不正も度重なって国民の不満が高まっていった。

そんな状況の一九五九年に、青年弁護士であったカストロらが指揮する武装勢力が、クーデターによってキューバ革命を起こし、バティスタ政権を打倒した。その後、革命政府が社会主義政策を押し進め、大地主の土地や外国資本を摂取し、旧政権につながっていた政府関係者や、医者などインテリ層に対して弾圧を加えたことから、アメリカのアイゼンハワー政権と鋭く対立するようになっていった。

アメリカとキューバは国交を断絶し、アメリカはキューバに対する強力な経済封鎖を実行すると同時に、当時の高性能偵察機U2を使った軍事偵察を開始した。

CIAはキューバ人亡命者を支援して、フロリダからキューバに潜入させて、工場爆破、穀物汚染工作を行い、国内のカストロ反対勢力に対して物質的な支援をし、数回にいたるカストロ暗殺未遂事件まで起こしたのである。

一九六一年四月、成立直後のケネディ政権は亡命キューバ人たちの、キューバ侵攻作戦を全面的に支援して、武器・弾薬や資金を援助し、軍事訓練までしていた。

アメリカの傭兵となった亡命キューバ人たちの侵攻作戦は失敗したが、このことを契機としてカストロ政権はアメリカに対する危機感を募らせ、正式に社会主義宣言を発して、ソ連に軍事援助を要請することになった。「アメリカの下腹」といわれる位置にあるキューバの社会主義国化は、東西冷戦を戦う東側に強力な軍事基地を提供することとなった。

ソ連のフルシチョフ首相は、キューバへの中距離ミサイルの配備計画を打ち出し、キューバにソ連の軍事顧問団やミサイル技術者の多量派遣を申し出た。キューバ防衛と自国経済の維持のため、カストロにはこの申し出に異議を唱える理由はなく、フルシチョフの提案を全面的に受け入れたのである。

キューバへのミサイル配備は、すべて秘密裏に運ばれ、フルシチョフは実際の配備日を否定し続けていた。キューバのミサイル基地建設もひそかに行なわれ、ミサイル基地の既成事実化を急いでいた。

しかし、アメリカは大量の建設資材と技術者や軍人が、キューバに渡っていることを突き止めており、警戒を厳重にしていた。

そうした一九六二年夏、アメリカのU2偵察機がキューバのミサイル基地建設の写真撮影に成功した。十月十四日にはミサイルの存在まで確認し、アメリカ東部がそのミサイルの射程内に入る事も明らかになったのである。

米大統領ケネディは、米本土がソ連のミサイルの直接的な脅威にさらされる事実に、非常な危機感を抱いて側近たちと協議をすすめ、キューバへの進攻、空爆、海上封鎖、外交交渉など、さまざまな対応策を検討した。

十月二十二日、ケネディ大統領は海上封鎖を宣言した。

キューバに新たなミサイル配備を阻止するとともに、ソ連にミサイルを解体、撤去することを要求し、ミサイルの撤去・搬出を確認するために、アメリカ海軍が航行するソ連艦船を査察する封鎖海域を設定したのである。

この海上封鎖作戦では、米軍艦艇がソ連船に対して停戦命令を発し、それに従わない場合の対応などを細かく決めていた。マクナマラ国防長官が決めた手順によると、まず威嚇射撃をし、船体を傷つけずスクリューだけを破壊して停船させることになっていた。

誤って船を沈めてしまい、ソ連船員に死者が出るような事態になれば、それをきっかけにして核戦争が勃発する可能性もあり、まさに核戦争の瀬戸際にまで全世界は引き込まれていたのである。

ケネディ大統領の「核戦争も辞さず」という並々ならぬ覚悟のもとに行なわれた海上封鎖に対して、フルシチョフの採りうる選択肢は三つに限定される。

その選択肢の第一は、米海軍約一八〇隻の艦艇による強力な海上封鎖を突破して、キューバへのミサイル輸送を達成する。

選択肢の第二は、封鎖線上で米海軍の手で、ソ連輸送船が拿捕される。

選択肢の第三は、撤退することである。

第二の選択肢での決定的な屈辱を避けるためには、第一の強行突破か、第三の撤退しかない。しかし、第一の選択肢では、カリブ海域の制海・制空権を米軍が完全に握っているため、当時のソ連の海軍力では成功率はゼロに近かった。しかも、この強行突破がエスカレートして、核戦争にまで拡大する確率はきわめて高いと考えられた。

ここで、もし戦争になれば、ソ連が一方的に敗北することはほぼ確実であると予測できた。アメリカ本土を狙うソ連の地上固定ＩＣＢＭ約八〇基は脆弱で、全て地上に露出していただけでなく、液体燃料を使った旧式の代物なので発射までに時間がかかったのである。反面、ソ連本土を包囲するアメリカの原子力潜水艦からのミサイル攻撃は、全目標を完璧に破壊することも容易であったのだ。

米ソの緊張が最高潮に達する中で、フルシチョフは第三の選択肢を選ぶしかなかった。両首脳は外交ルートで交渉し、キューバに向かうソ連の艦船は数日間、封鎖海域に入ることを避けていた。

十月二十八日、ついにソ連のフルシチョフ首相は、アメリカがキューバに侵攻しないことを条件に、ミサイルの解体と撤去に同意し、国連による現地査察を提案した。ケネディ大統領はこれを受け入れ、海上封鎖を解除したのである。

キューバのカストロ首相は、フルシチョフの譲歩に激怒し、国連の現地査察を拒否したが、アメリカは偵察機の調査を厳密にしてミサイル基地の撤去を確認した。ソ連がこの危機で譲歩したことによって、米ソは平和共存に向けて急速に接近するのだが、一方、ソ連国内ではフルシチョフの弱腰が批判を浴び、一九六四年十月、首相を解任される原因の一つとなったのである。

このように、当時の世界を壊滅の危機に追い込み、ケネディ、フルシチョフの対決を激化させ、東側の盟主ソ連の首相を失脚させる、そもそもの原因となった亡命キューバ人傭兵団は「アルファ66」として知られている。

傭兵団「アルファ66」

この傭兵団「アルファ66」ほど多種多様な人々が参加し、キューバのカストロ政権に外部から攻撃を加えて、多大な損害を与えた組織はいないといってもよいだろう。

この傭兵組織は、一九六一年に結成されている。初期はキューバから亡命した自由主義者の若者や、自由を束縛するカストロの政策に反対する旧キューバ軍の退役将校からなる少数の集団だったが、カストロがマルクス主義を唱え、現実に社会主義政権となったことで、嫌気がさしたキューバ革命軍の高級将校や、旧政権の警官や軍人だったというだけの理由で身内がカストロ政権に殺害され、不満を持つ者なども加わるようになっていった。

さらにイギリス、アメリカ、南アフリカなどで職を失った元戦闘機乗り、特殊部隊の教官、空挺部隊の隊長などのプロたちも加わったのである。

反カストロ武装集団は「アルファ66」以外にも六団体あったが、それらすべてにCIAがかかわって、武器、資金はもとより訓練所などの施設も援助し、実際にはアメリカ政府がスポンサーとなった傭兵団であった。「アルファ66」はその中心的な存在である。

CIAはフロリダやグアテマラで、彼らの秘密訓練所を開設して軍事訓練を行なった。訓練では、82ミリM1937迫撃砲やRPG―7ロケットランチャー、AK47などのソ連製武器が与えられ、その取り扱いに熟達するように求められた。

これらのソ連製の武器はキューバ軍が使っているもので、キューバに侵攻した場合には、キューバ国内の反カストロ派から、それらの武器の供給を受けられるからである。夜間の訓練ではナイフや棍棒を使って敵を倒す方法を、みっちりと訓練されていた。

このようなゲリラ戦訓練を受けた傭兵団の存在と名前が明らかになったのは、一九六二年六月十二日に、CIA文書の中に記載されていることが暴露されたからである。

その文書で明らかになったところによると、「アルファ66」はキューバ人のプロ戦闘員を中心とする六六名の特別に訓練された者が、各種のゲリラ戦や破壊・妨害活動、戦闘行動を行なうとなっていた。「アルファ66」という名前も特殊訓練を受けた六六名が、この傭兵団の基礎となっているところから付けられたものである。

一九六一年四月十七日未明、「アルファ66」を含む、訓練・装備ともにいきとどいた約一五〇〇人の亡命キューバ傭兵団が、キューバ・コスチノス湾（アメリカ名ピッグス湾）に上陸した。

彼らの目的はカストロ軍に戦闘を挑み、カストロ政権に反対しているキューバ内部の人間を蜂起させて、社会主義政権をキューバから一掃しようとするものだった。亡命キューバ傭兵団は、約一年かけて過酷な訓練を受け、この日をまっていた者ばかりだった。

彼らの士気は高く、上陸直後からカストロ政府軍と激戦を続け、多大な損害を与えたのである。アメリカ軍から提供されたＢ26爆撃機二四機も加わり、上陸の二日前の十五日にはキューバ人亡命傭兵団のパイロットが操縦して、キューバ軍を爆撃していた。

だが、キューバ正規軍二万人に対する人数的な不利はいかんともし難く、奮闘する傭兵団も弾薬・食料が不足しはじめた。Ｂ26爆撃機は第二次世界大戦中にアメリカ軍が使っていた代物《しろもの》で旧式であるばかりでなく、飛び立つ空軍基地も戦場であるキューバ上空から遠いニカラグアの秘密基地であった。

そのため、Ｂ26はキューバ上空で一時間しか滞空できなかったのである。不利な条件の中で爆撃機は攻撃するが、キューバ軍の対空砲火も激しく、その半数が撃墜されたのである。

武器、弾薬、食料を補給する輸送船も四隻加わっていたが、二隻がキューバ軍機の攻撃で撃沈され、残りは沖合いに避難して海岸には近づけず、上陸軍への食料弾薬の補給は不可能な状態にあった。

地上軍の戦闘意欲は旺盛だったが弾薬の不足で、傭兵団は上陸二日目の十九日にはキューバ軍の激しい攻撃にさらされ、壊滅状態に陥った。この戦闘で「アルファ66」メンバーは相当数が傷ついたり、帰らぬ人となったとされている。

「アルファ66」の復活

ピッグス湾の闘いが終わり、一九六二年十二月四日になって、CIAが興味深いコミュニケをFBIと国務省、米軍の情報機関に回覧した。そこには「アルファ66」のキューバに対するゲリラ攻撃を連続して行使することにCIAは同意し、その攻撃開始期日は二日後の十二月六日とするとなっていた。

CIAはキューバ侵攻作戦の失敗後、キューバ軍へはゲリラ戦による消耗を強いる方針に転じ、「アルファ66」をその作戦を担う部隊として選んでいた。再度CIAに雇われた「アルファ66」は、キューバへのゲリラ攻撃を実行することになった。

彼らはまず手始めに、キューバ海軍の艦艇に攻撃を仕掛けた。その作戦で数隻のキューバ軍の魚雷艇を撃沈し、キューバ艦艇にメンバーが乗り込んで放火したり、乗っ取ってアルファ66の艦隊に摂取するなど、短期間で戦果を収めたのである。

また、ひそかにキューバ本島に上陸した部隊は、小部隊に分散してキューバ軍部隊を待ち伏せて攻撃を仕掛けた。傭兵団の上陸侵攻があった直後であったので、キューバ軍は最新鋭のソ連製武器で重武装しており、警戒も厳重にしていたが、「アルファ66」の待ち伏せ攻撃はカモフラージュの巧みさと、機敏な行動力でキューバ陸軍部隊をしのいでいた。

このアンブッシュ攻撃はキューバ軍に犠牲者数を大幅に増加させ、キューバ駐留ソ連軍部隊とも交戦して成果を挙げている。

それをさかのぼった九月十日、「アルファ66」のプラトーンはカイバリエンを攻撃し、十月九日にはソ連軍と交戦している。翌年の五月十八日には、プエルト・デ・イサベラ・デ・サグアではソ連軍に攻撃を仕掛け、ソ連軍の物資補給をしていた港湾施設に大損害を与えたのである。

この軍事的成功で、「アルファ66」の存在が認知され、亡命キューバ人のみならず、さまざまな国籍の若者や、戦闘のプロたちが入隊を希望するようになった。

ヴェネズエラの首都カラカスや地方都市にまで、「アルファ66」の宣伝も兼ねた求人ポスターが見られるようになり、反カストロの立場に立った愛国主義的なスローガンに引き寄せられた若者の入隊志願者が急増したのである。また、ヴェネズエラ在住の二万人の亡命キューバ人は「アルファ66」へ寄付金を寄せるようになっていた。

CIAをスポンサーとした「アルファ66」は、豊富な資金と人材を得ると同時に、一九六四年から共産主義キューバと、彼らの祖国を「占領」するソ連軍に対する戦闘を激化させていった。

キューバに上陸した「アルファ66」の部隊は山中に潜み、少なくとも週に一度の割合で、キューバ軍とソ連軍に対する攻撃を繰り返した。このようなカストロ政権への攻撃は一九六〇年代を通じて続けられ、CIAの資料によると、数百万ドル（アルファ66の宣伝ポスターや、パンフレットでは七〇〇〇万ドル）の被害を与えている。

CIAの文書での彼らの記録は、一九六四年十二月三日を最後に明らかにされていない。しかし、公式文書によらずとも、ヴェネズエラとプエルトリコに「アルファ66」の存在は確認されており、現在もなおキューバ本土で破壊活動を続けているものと思われる

世界を戸惑わせたイラン・コントラ事件での傭兵

イラン革命とサンディニスタ革命軍

第二次世界大戦後のイランでは、国王パーレビ二世の強権的な近代化政策に社会が不安定となって、イスラム教の宗教指導者を中心とする反国王運動が起こっていた。一九七九年一月、パーレビ国王がテロや暴動を伴った抵抗運動に耐えかねて、海外に亡命し王制が転覆した。

革命政権は当初、農民・軍部・イスラム教シーア派の三者が主導権を争ったが、シーア派の宗教指導者ホメイニ師が軍部を抑え、最高指導者として君臨することとなった。この政変で、国王を全面的に支持していたアメリカに対するイラク国民の反発は激しく、ホメイニ政権も反米の色濃い政策を積極的に推進させていった。

これを受けて、アメリカはイランとの国交を断絶し両国は敵対関係となり、テヘランのアメリカ大使館が占拠され、多数の大使館員が長期間人質にされるなどの事件が起こった。

同じころ、中米のニカラグアでは、一九三六年から続いたソモサ独裁政権に反対する中道・左派の幅広い結集により、サンディニスタ国民革命戦線（FSLN）が一九七九年に武装蜂起した。広範な国民の支持を受けたFSLNは、ニカラグア各地で政府軍を打ち破り、七月十九日にはソモサ大統領がアメリカに逃亡する事態になり、四三年にも及んだ長期独裁支配がついに終焉し、サンディニスタ革命政権が発足した。

ニカラグア革命が、社会主義化したキューバから支援を受けていたこともあって、革命政権を敵視したアメリカは、ニカラグア革命が中南米諸国に広がることを恐れて、革命政権つぶしに力を入れることとなった。

一九八一年、アメリカのレーガン政権はニカラグアに対する経済援助を停止し、翌年には旧ソモサ軍を中心とする反サンディニスタ武装組織「コントラ」に対しての支援をはじめた。だが、ベトナム戦争に懲りていたアメリカ議会は「合衆国中立制定法」を制定して、外国の政治に影響力を与えるような行為を禁止していたため、公式的にはコントラに対する援助が出来なくなっていたのである。

そこで、オリヴァー・ノースという現役の空軍中佐が、アメリカ政府とは違った独立した支援活動を繰り広げることとなった。CIAやノース中佐などがひそかにコントラに対して、隣国ホンジュラスに秘密基地を提供し、彼らはその基地を拠点にしてニカラグア国内に出撃していった。しかし、サンディニスタ軍は国境を越えてコントラを追跡できず、このため軍事的な決定打を欠き、ニカラグアでの内戦はますます激しくなっていく。

一九八六年六月、国際司法裁判所は「コントラ支援を含むニカラグアへの攻撃は国連憲章を含む国際法に違反する」との判決を下し、アメリカの行動に歯止めをかけようとした。

しかし、この年の十一月、イラン・コントラ事件が発覚。なんと、アメリカは鋭く対立していたはずのイランに武器を売り、その代金をコントラ・グループに流していたことが発覚したのである。

イランはイラクとの戦争がことのほか長引き、武器が枯渇していたのである。それに目をつけたアメリカはアラブの武器商人を通じてイランに武器を売り、戦争を継続させる一方で、イラクにも武器を売りつけていたことになる。この武器売却の橋渡しから、イランが支払った金をマネーローンダリングにかけることを率先して行なっていたのが、オサマ・ビンラディンの兄であるサレム・ビンラディン（後に飛行機事故で死亡）であった。

この事件の発覚にはアメリカ国民をはじめ、世界中が驚いた。何故なら、当時のアメリカのマスコミはイランのホメイニに対しては、現在のビンラディンのように不倶戴天《ふぐたいてん》の敵としており、イラン・イラク戦争でアメリカがイラクを支援するのは、ホメイニのような狂った指導者を一掃するために必要だとされていたからだ。

さらにCIAは傭兵部隊の情報網を駆使して、コロンビアの麻薬組織とコントラを結びつけ、麻薬をアメリカ本土に持ち込んで、その売却代金を戦闘資金として使うこともやっていた。コロンビアの麻薬組織はコントラに麻薬を供給すれば、回りまわってアメリカに協力したことになり、アメリカの麻薬取締局（DEA）からの検挙を免れると知って協力したといわれている。

このように、麻薬と絡まったイラン・コントラ事件は当時のアメリカの暗部を垣間見せる格好の材料となって、アメリカ国民のみならず、世界中を戸惑わせたのである。

しかし、この事件で注目すべきは、イランに売却する武器の調達から選定、また麻薬組織との交渉に傭兵達が暗躍していたばかりではなく、反政府のコントラの戦闘に参加して、サンディニスタ軍と戦っていた傭兵団も数多くいたということである。

ベトナム戦争とコントラを結ぶ線

ニカラグアのコントラに傭兵たちが本格的にかかわりあうのは、一九八四年五月からである。この時にアメリカ議会は、CIAのコントラへの資金援助を凍結しており、CIAに代わり、世界反共連盟のシンクローブ会長がフィクサーとなって、民官ベースのコントラ支援が活発となった。

市民軍事援助機関（CMA）が結成され、国家安全保障会議（NSC）がCIAに代わって資金を提供するシステムが出来上がったのである。これよりアメリカ政府のコントラへの援助は表舞台からは消え、見えないところで強力に推し進められるようになった。

アメリカ市民の私的軍事援助機関はいろんな形があり、ボランティアを募り、コントラへの援助が開始された。こうしてコントラへの援助が政府組織から民間を基調としたものに変化し、傭兵たちに活躍の場が与えられることとなった。

当然、コントラ軍に身を投じて、戦場でサンディニスタ軍と戦うために中米に行こうとする人も多く現れた。その多くはベトナム退役軍人などで、多くは極右反共のイデオローグだが、一部には民主的理想主義者や外人の傭兵、白人の軽薄なピストル使いまでもが参加した。

彼らの中には、純粋に共産主義の脅威を感じて無償で参加する者もいたが、軍事援助に関するアメリカの規制の裏をかいて金を目的に参加する傭兵も多かったのだ。中には訓練が足りていない、ただマッチョなだけの「カウボーイ」タイプの者までいて、彼らは殺されに行くようなものだった。

しかし、プロも多数参加しており、彼らはコントラの兵士たちに、最新鋭の武器の扱い方を教え、それを使った戦術的行動を訓練したのである。そればかりでなく、このプロたちはコントラの中に入り込んで、サンディニスタ軍と実際に戦火を交え、キューバ人が守備する施設を攻撃して、サンディニスタ軍に多大な損害を与えている。

このグループの正確な数は分からないが、傭兵となった者は八〇〇〜一〇〇〇人強といったところが妥当だろうとされている。彼らの大半はマイアミやヒューストン、あるいはニューオーリンズから中米へ飛んで二〜三カ月戦うというものだった。

この方式を「バケーション戦士」というが、一般的によく訓練されており、爆発、営繕、要塞造営、飛行といった高等戦争技術を持っていた。当時、報道されたNBCニュースのインタビューで現地軍の将校は、アメリカ人の傭兵が来ると、その部隊に割り当てられた機関銃の稼働率が、それまでの約五〇パーセントから一〇〇パーセントにアップすると語っている。

この傭兵たちはコントラの兵士が不得手な武器の手入れや保守の仕方を知っている。こうした小さなことがゲリラ戦でモノをいい、長い間には戦争を勝利に結びつけるのだ。

これが現実のものとなったのが一九八四年四月十二日の戦いだ。この日、傭兵部隊を含むコントラ軍約八〇〇〇人が、南北国境から一斉にニカラグア国内に侵入して、サンファン・デル・ノルテを占拠。ただちに「サンファン・デル・ノルテ自由共和国」を宣言し、「臨時政府を樹立する用意がある」と声明した。それに対して、カソリック教会の大物オバンド大司教が、教会とコントラとの対話を呼びかけた。

さらに、カソリック教会の指導的立場にあったベガ神父が、外国軍による反サンディニスタ戦闘を認めると発言した。サンディニスタ政府は宗教界の大物がコントラ寄りの態度を示したことに焦り、緊急事態を発令した。そして徴兵制を強行すると同時に、統制経済に切り替えて物資の配給制を強化することになった。

四月十七日になると、サンディニスタ政府軍も落ち着きを取り戻し、南部国境地帯に兵力を集中し、サンファン・デル・ノルテを奪回した。追い詰められたコントラ軍はコスタリカ国境を越えて退散する。サンディニスタ軍は国境を越えて追跡するが、それにも限度があり、コスタリカ政府がサンディニスタ政府軍の国境侵犯を非難したこともあって、手を引かざるを得なかったのである。

この闘いは、結果的には傭兵部隊とコントラの敗北に終わったが、中米ではきわめて珍しい大規模兵力での攻撃を仕掛けたコントラ軍を指導した傭兵の実力が、再び各方面から注目されるようになったのである。

イラン・ゲートの影の主役

元ベトナム派遣兵で特殊部隊員であったフランク・キャンパーは、一九八一年〜八六年の間にマーク・スクールという「傭兵学校」を設立した。彼は東西冷戦時代アメリカの暗部に深くかかわった男として知られている。

フランク・キャンパーは、一九八八年七月十四日アメリカ議会の上院対外小委員会に出頭。彼と国防長官が陸軍情報部（MI）で交わした秘密契約を公表した。キャンパーが私的工作員として、合衆国の活動に深く関与していたことを証明するCIA、FBI、BATF（連邦アルコール、タバコ、銃火器取締局）からの書類を提出した。

キャンパーはこの議会での証言で、後に「イラン・コントラ事件」として発覚するMIが介在した事件で、中国から武器類を調達しようとした仲介人であったことを明らかにした。またコントラを支援する民間人団体について、MIやFBIに報告をしていたことを証言した。この詳細については彼の手記『MERC : The Professional』で明らかにされている。

この手記によると、レバノンで軍事訓練を請け負っている元特殊部隊将校である友人から、レバノンに特殊部隊を新設するために、一万丁を越える武器類が必要だとの依頼を受けたとされている。

その調達を引き受けたキャンパーは、アトランタにある商社が、中国国防省から中国製武器を売却する契約を結んだという情報を得て、その商社と接触する。その商社はＡＫ47のコピーである56式アサルト・ライフルから、レッド・アロー有線誘導ミサイル（ソ連のサガー・ミサイルのコピー）、ＨＮ５（ソ連のＳＡ７ストレラ熱探知対空ミサイルの中国版）まで扱っていた。

キャンパーはその商社の、中央アメリカの代理店として契約を結んだ。間もなくＭＩのエージェントから、極秘で使うミサイルを調達する方法を探しているとの連絡があった。キャンパーが中国製の武器の販売が可能なことを伝えると、彼らはその話に興味を持ったのである。この時、ＭＩが欲しがったのはレッド・アロー有線誘導ミサイルで、数百から数千の多量のオーダーであった。

サガータイプのレッド・アロー有線誘導ミサイルはおもに対戦車ミサイルとして使用されるもので、長さは約一メートルで直径は七三ミリ、小さく短いフィンが付いている。小型の持ち運びランチャーから撃つ方式で、射程は三〇〇〇メートルあり、アメリカ軍のＴＯＷミサイルにそっくりである。一九七三年の第四次中東戦争では、エジプト軍がソ連支給のサガー・ミサイルを使ってイスラエル軍機甲部隊に大打撃を与えた実績がある。

アメリカ政府の代理人は、二〇〇〇基を越すレッド・アローを必要としていた。キャンパーの仲介で政府と商社側が商談を重ねたが値段交渉で難航し、一九八五年初頭にはレッド・アロー調達の話は消滅してしまった。

その代わり、アメリカ製のTOWがイランに引き渡されることになったのだ。アメリカ政府は一基が三五〇〇ドルのTOWを輸出することで一基が八〇〇〇ドルのレッド・アローよりも大幅な経費節減となった。しかし、これが表ざたとなり、最終的には議会の審議を受けることとなったのである。

結局、足の付くTOWミサイルの杜撰《ずさん》な輸出は、アメリカと直接関係の無い中国のミサイルを使おうとした秘密活動まで露見して世界中を戸惑わせ、一九八〇年代最大のスキャンダルとなってアメリカを揺るがしたのである。この過程で傭兵としてのプロ中のプロがかかわっていたという事実は、彼らの実力を示しているといえるだろう。

麻薬と傭兵

新市場に登場した傭兵集団

一九八〇年代になって傭兵の新しい市場が生まれ、新種の傭兵集団が参入してくるようになった。その最も顕著な例がコロンビアの麻薬組織、カリ・カルテルが集めた傭兵団である。カリ・カルテルの名前は、彼らが拠点としたカリ市の名前から付けられたものだが、この麻薬密売組織は自分たちの町だけではなく、コロンビア全土に影響力を及ぼしたいと考えたのである。

麻薬の売り上げは年々上昇し、その富はコロンビア政府の中枢をも動かす力を持つようになっていた。カリ・カルテルはコロンビアの警察と軍隊に、影響力を持つようになったが、より強力な支配力を得るためには、自分たちの思い通りになる兵力を欲しがった。

それに応えたのが、コロンビアで活動していた極左テロリスト集団「四月十九日運動(M-19)」である。彼らは、一九七〇年代からジャングルで政府軍相手にゲリラ戦を展開して、戦闘訓練と実践体験が数多くあり、戦闘集団としての評価は高かった。

しかし、一九八〇年代半ばから政府軍がアメリカの援助を得て、大々的な左翼ゲリラ撲滅作戦を展開し、M-19の勢力も徐々にそがれつつあった。M-19の幹部は、ジリ貧状態になっていくことにあせりを抱き、起死回生《きしかいせい》の作戦を展開して、世界的に名前を売る挙に出たのだ。

一九八五年十一月六日、首都ボゴタにある最高裁判所の「ボゴタ・ハウス」を占拠し、多数の裁判所高官を含んだ、約五〇〇人の人質を捕って立てこもった。しかし、コロンビア軍の攻撃により、最高裁判所判事一一人も含まれた五〇人の人質が死亡していた。

コロンビア軍治安部隊は、この攻撃でM-19のテロリスト全員を射殺した。その後の掃討作戦でM-19の最高幹部などの指導部のほとんどが殺されたり、逮捕されたりして、組織は壊滅状態となったのである。

そこで、M-19は自らを麻薬密売組織に売り込み、半ば強制的に麻薬密売組織のガードマンになったともいわれる。資金の枯渇で弱体化が進み、麻薬密売組織のガードマンに雇われたことは、麻薬密売組織にもM-19にとっても最良の選択となった。

ジャングルの中を活動拠点としていたM-19の経験とノウハウは、麻薬の製造と輸送に関してても理想的な役割を果たした。彼らは政府軍の攻撃を受けることなく、麻薬製造所を設立できる場所を心得ており、政府軍や警察が探知できないルートを通って、コカインを外国に運び出すことが出来たのである。

カリ・カルテルは彼らに資金を与えることはもちろん、政府軍との戦闘に必要な武器類もふんだんに与えた。M-19が力を蓄えて政府軍と対決し、政府軍を弱体化させることは、麻薬組織の利益にもなるので、互いの利益が一致した。

こうして、麻薬組織が極左テロリスト組織を雇うという、これまでにもなかった新しいタイプの傭兵が、南アメリカに誕生したのである。そしてカリ・カルテルは一〇〇〇人規模の軍事組織を手に入れたことになる。

また、コロンビアの極左テロリスト組織はM-19だけではない。「コロンビア革命軍（FARC）」は約五〇〇〇人のゲリラ兵士を擁し、M-19と比べものにならないほど、規模が大きい組織である。FARCも麻薬組織と結びついて、コロンビア警察や軍の攻撃から麻薬精製工場や、麻薬輸送コンボイを護衛する傭兵となっていた。

FARCは主として、コカインを製造する側に立ち、麻薬の運び人や密売組織とは一線を引いていた。しかし、一九八〇年代後半になると、麻薬を販売しているカルテルとの関係も深まり、カルテルから資金や武器を調達してもらうことが多くなっていった。カルテルにとってもFARCの兵力の大きさと戦闘力は魅力的であり、傭兵として雇うケースが増えてきたのである。

一九八〇年代に入ると、FARCはコカイン密売の護衛組織を作り上げ、コカインの製造と貯蔵量を急速に高めていった。FARCは共産ゲリラとして、コロンビア政府軍と戦うだけでなく、実入りのよいコカインの製造販売業者を護衛することを、主な戦略に変更して急速に勢力を伸ばし、麻薬組織の成長に伴って、コロンビア全土に多大な影響力を持つようになったのである。

一九八〇年代後半になると、カリ・カルテルとライバル関係にあるメデリン・カルテルが、コロンビアの麻薬カルテルの中で頭角を現してきた。

メデリン・カルテルリーダーのパブロ・エスコバル・ガヴィリアは、コロンビアの国家財政の負債を清算する資金を提供することを申し出た。そしてエスコバルはその見返りに、政府が彼の麻薬ビジネスを放任するように要求したのである。

当然、政府はこの申し出を断った。そうするとエスコバルは政府に対して宣戦布告をし、彼の配下にいる組織のガードマンや、街のチンピラたちからなる傭兵を使って、テロ攻撃を仕掛けた。

このことはM-19やFARCなどの共産ゲリラには脅威となった。というのも、エスコバルは豊富な麻薬の上がりを使って、貧しい人たちへの経済援助や、福祉施設、無料住宅の建設、さらにはプロサッカーチームのオーナーとなっており、子供や若者に夢を与える活動を続けていたのだ。

共産ゲリラ組織がなし得ないことをやるだけでなく、政府相手の果敢な戦闘行為までやってのけ、共産ゲリラ組織のお株を完全に奪ってしまったので、貧しい人々の支持は、共産ゲリラよりもエスコバルに集中したことは当然である。

また、共産ゲリラたちが政府軍を相手に戦闘を激化させればさせるほど、政府の取締りが弱体化して、麻薬ビジネスをするエスコバルに有利に働き、逆作用となっていった。

エスコバルが政府へ宣戦布告をしたことをきっかけにして、共産ゲリラと麻薬組織との間にあった同盟関係は不安定となった。

その決定的な出来事が一九八七年末に起こった。

メデリン・カルテルの幹部であるホセ・ゴンザノ・ロドリゲス・ガッチャは、自分たちの傭兵となっていたM-19やFARCが、麻薬業界に参入しようとしていることを察知した。彼らはエスコバルに対抗して、独自の路線で政府に立ち向かおうとし、その資金源として麻薬ビジネスに本格的に参入しようとしたのである。

既存の麻薬カルテルにとって、強力な軍事力を持つライバルの登場は大きな脅威である。麻薬カルテルは共産ゲリラのような軍事力は持っておらず、襲われたらひとたまりもない。

ガッチャは起死回生の策として、共産ゲリラ撲滅の方法を模索しているコロンビア政府軍の側に立つことにした。ガッチャは共産ゲリラ攻撃に、情報と彼の傭兵たちを軍に提供し、軍はその見返りに、武器の供給と、ガッチャのガードマンで組織された傭兵隊に軍事訓練を施したのである。

コロンビア軍は、「敵の敵は味方」という戦略の発想から、互いにカルテル同士を争わせて、麻薬組織を撲滅する戦略を採っていた。ガッチャの傭兵に力をつけさせ、共産ゲリラと闘わせれば、麻薬組織とゲリラの双方を弱体化できることになる。

しかし、コロンビア政府に軍事的にも経済的にも多大な援助を与えているアメリカ政府が、麻薬組織とコロンビア政府当局で行なうどのような形の取引にも強く反対しており、コロンビア軍は、ガッチャの傭兵たちを、直接に訓練することはできなかった。

アメリカの軍事顧問を、ガッチャの傭兵訓練に使うことは論外で、かといって、アメリカの傭兵にも依頼することもできない。もしそれらが表ざたになれば、アメリカ議会はただちにコロンビアへの援助を打ち切ることは明らかで、アメリカとコロンビアの関係は最悪の事態を迎えてしまうことになる。

その結果、コロンビア軍はイギリスの傭兵市場を利用することにした。一九八八年の春、コロンビア軍の大佐がロンドンに渡り、公式にコロンビア軍の軍事要員を募集した。

このように政府の正式な注文が出れば、高度な技術を持つプロの傭兵を見つけ出すことは、そう困難なことではない。コロンビア軍が目をつけたのは、ダヴィッド・トムキンスという傭兵としての経験豊富な筋金入りの男だった。

トムキンスはイギリス生え抜きの優秀な傭兵として、軍事関係者の注目を集めていることで、よく知られた男であった。だが、一流の傭兵は、どんなにペイがよくて、楽な条件であっても、麻薬に絡む仕事は絶対に引き受けないというのが、業界の間では暗黙の了解事項である。

コロンビア政府軍からの正式オファーは「共産ゲリラ掃討のための部隊要員」という名目であったから、トムキンスも引き受けることになったのだ。トムキンスは、元イギリス空軍空挺隊で、アンゴラでの傭兵経験が豊富なピーター・マッカリースを同僚として選んだ。

トムキンスはピーターを指揮官とし、数人の傭兵に声をかけて傭兵団を組織した。指揮官としてのピーターの報酬は月額五〇〇〇ドルで、三カ月契約であったとされ、その他の傭兵達も、相応に高額の報酬で契約書にサインした。

傭兵団は、イギリス人八名、オーストラリア人二名、それにトムキンスを加えた十一名で組織された。この傭兵団のメンバーのほとんどは、アフリカなど世界中のいたるところで闘ってきたベテランたちである。

一九八八年八月初旬に、彼らはコロンビアに入り、やがて首都ボゴタ近くの川の中洲にある訓練地域に連れて来られた。そこは一般の傭兵たちが寝泊りするような、粗末な宿泊施設ではなく、メイドやコックなどのサポートスタッフが揃った、大きな家が彼らの宿泊所として与えられ、リゾート地の水準を超える環境だった。

それぞれに豊富な酒と食べ物、毎週土曜日には娼婦があてがわれ、イギリスから来た傭兵団を大満足させる、至れり尽くせりの接待が行なわれたのである。

この傭兵団自身のスケジュールは、まず高温と多湿に順応するために、軽い訓練が組まれた。朝は夜明けからのランニングの後、兵士としての感覚を取り戻すウォーミングアップ。午後は専ら酷暑を避けるために日陰で過ごし、夕刻前にトレイニングを少しやり、夜はほとんど自由時間というものだった。

彼らが到着して一週間ほどすると、最初のコロンビア人の訓練生が、新式の銃器とともに島に到着した。この訓練生たちは、誘拐犯に対抗する民兵組織に属していた。

コロンビアでは、左翼ゲリラが活動資金調達のために、莫大な資金を持つ麻薬密売組織の子弟を標的として、多額の身代金を要求する誘拐事件を盛んに起こしていた。麻薬密売組織の幹部たちは、一九八一年に配下を組織して、独自に誘拐犯たちに対抗するMASと呼ぶ傭兵部隊を作っていた。訓練キャンプに来たのはこのMASの傭兵たちである。

しかし、コロンビア軍はピーターたちの傭兵団に「M-19やFARCなどの左翼テロリストと戦う部隊の訓練」を、正式に依頼している。訓練生たちは実質的には麻薬組織に関連する者たちであったが、依頼されたコロンビア軍を信ずるしかない。

最初の訓練生グループの訓練内容は、イギリスと南アフリカの訓練ドクトリンを基礎にしていた。訓練は明確で完璧であったため、訓練生のコロンビア人たちは、訓練内容をすぐさま習得し、思い通りの訓練が行なえた。

一一人の傭兵団と六〇人のコロンビア人傭兵部隊は協力して、極左テロリスト集団と戦う訓練を行なっていたが、その裏では彼らの行動を阻害する動きが起きていた。

メデリンカルテルのガッチャはこの作戦に多額の資金を提供していたが、その金は訓練生のためにはほとんど活用されず、コロンビア政府筋のポケットに流れ込んでいたのだ。

その弊害は武器の供給量にも現れ、傭兵部隊側は五トンの武器弾薬を要求していたが、ごく少量の物資が不定期に提供されただけで、コロンビア政府は公式な軍の武器庫から武器を供給する約束を果たそうとしなかったのだ。

イスラエル製の高性能小型マシンガンのウジーや、AK47は一一人しかいない傭兵団にも足りないほどの数しかなく、M-60機関銃は届いたが、弾帯は全く仕様《しよう》が違う物で使い物にはならない。供給されたごく少量の武器でさえ品質が悪く、ほとんどの武器の部品が欠損していたので訓練にも支障をきたした。やがて、政府はゲリラ撲滅作戦の任務は、しばらく延期すると連絡してきた。

そして、傭兵団と訓練生たちは、生活環境の悪い三カ所の訓練キャンプに送られた。そこで用意された食事は豆、バナナのフライ、ツナの缶詰などだったので、傭兵団と訓練生ともに栄養失調などになってしまったのである。

傭兵団の環境の変化を決定したのは、ガッチャが心変わりをして、傭兵団が敵とすべき左翼ゲリラに、支援をやり直したことにある。

ガッチャが反体制武力闘争を唱えるゲリラ側に付いたことで、傭兵団から訓練を受けている訓練生たちもゲリラ側の戦闘員となる。このまま彼らに訓練を続けることは、国際法に違反し、それは傭兵団には到底受け入れられないものである。トムキンスたちの傭兵団は、事態が混乱しており、この地に留まることはできないとの結論に達していた。

最後の訓練生がキャンプを離れた直後、傭兵団も訓練地を離れ、近くの小さな町に滞在した。問題はコロンビア政府との契約が一二週間だったことである。

彼らはこの時点で九週間しか働いていなかった。そして彼らが街に滞在している間に、TVで衝撃的なニュースを見た。それは、彼らと同じ状況にあった傭兵が、ゲリラに協力したとしてコロンビア政府に逮捕され、電気椅子に座らせられたというニュースである。

これを見て、完全に風向きが変わったことを知ったピーターたち傭兵団は、契約のことはさておき、ともかくボゴタに出て、国際線の旅客機に乗ることにしたのである。

この一連の出来事の顛末は、最優秀といわれるイギリス系の傭兵が、結果的には罠にはめられたことを示しているが、一九八〇年代から急速に成長した、南米の麻薬産業と政府軍、極左ゲリラとのせめぎあいの間では、さすがのベテラン傭兵も騙されるほど複雑怪奇な状況でもあった。

ピーターたちは、その後コロンビア軍から再度のオファーを受けた。今度はメデリン・カルテルの頭目パブロ・エスコバルを捕獲し、射殺する作戦に参加するよう依頼を受け、それに成功している。

この作戦には、麻薬密売組織であるカリ・カルテルが傭兵組織をも含めて政府側に全面的に協力し、エスコバル死亡後はカリ・カルテルの勢力が強まっている。

もう一方の傭兵団である極左ゲリラは、米ソ冷戦構造が終焉した後、一九九〇年代には、共産主義革命そのものが色あせて見え、M-19は政府と和平交渉を重ねて停戦に応じた。現在はコロンビアの合法的な左翼政党として、選挙活動に専念しつつある。

ＦＡＲＣも、政府との和平交渉を続ける姿勢は見せているが、二〇〇四年十一月現在、いまだに最終的な決着が付かず、膠着状態になっている。ＦＡＲＣは麻薬組織との関係は継続しているようで、ジャングルの中の麻薬精製工場や運搬ルートの確保などで、互いに協力し合っているようである。

麻薬業者と極左テロリスト、それに政府が絡まる複雑な状況はコロンビアだけに留まらず、南米全体がほぼ似たようなシチュエーションであるところから、傭兵たちにとっては相当に旨味のある市場に成長しつつあるといえるだろう。

第四章　アジアの歴史を変えた戦争請負屋

義勇軍フライング・タイガー

日米開戦を早めた日本の仏印進駐

日中戦争（一九三七年七月〜一九四五年八月）が、長期化・泥沼化する中で日本は、一九四〇年（昭和十五）三月、南京に親日政権である汪兆銘政権を樹立した。だが国際的な支持が得られず、事態の収拾に苦しんでいた。

そのころ、ヨーロッパではドイツが西部戦線の膠着《こうちゃく》状態を破って、デンマーク、ノルウエーに侵入、さらにオランダ、ベルギーも手中に収めていた。そしてドイツ軍は一九四〇年六月にはパリに入城し、フランスを屈服させたのである。

ドイツの戦勝で、東洋のフランス領インドシナ（仏印）、オランダ領東インド（蘭印）を植民地としていたフランスとオランダが、植民地経営能力を失っていた。日本は、力の空白地点となっているこれらの地の資源である、ゴム・石油などの獲得を目指して南方進出政策が高まった。

日本が南方進出するためには、ドイツとの関係を構築しなければならず、ドイツ、イタリアとの提携の動きが活発になっていった。

日本が唱える南進論には二つの理由があった。

一つは資源の獲得である。アメリカは日本の中国侵入に抗議して、一九三九年（昭和十四）七月に日米通商条約破棄を通告（翌一九四〇年一月発効）してきた。一九四〇年当時の貿易統計によれば、日本は主要物資の大半をアメリカからの輸入に頼っており、戦略物資である鉄鋼類の七七パーセント、石油の七八パーセント、工作機械類の六六パーセントを、アメリカからの輸入に依存していたのである。

対米禁輸で産業必要物資の七〇パーセントがなくなるという事態に対して、日本は独自で資源獲得を図らなければ生きていけないという、ギリギリの状態においこまれていた。

もう一つの理由は援蒋ルートの遮断である。

一九四一年（昭和十六）三月十一日、アメリカは「武器貸与法」を施行した。武器貸与法は「米国大統領がそれを防衛することが、合衆国の防衛に不可欠と考える国の政府に、船舶、航空機、武器、その他の物資を売却、譲渡、交換、貸与、支給し、処分する権限を大統領に与えるもの」となっていた。

この法律によって、アメリカ政府は日中戦争で、日本の交戦相手であった中国の蒋介石政権に、航空機、武器弾薬、軍需物資などを供給し続けたのである。

アメリカの軍事援助に関する、一九四一年六月二十日付けの日本軍調査資料によると、中国の蔣介石政権を支援する「援蔣ルート」は三本あり、そのうち仏印（現ベトナムとラオス）ルートを経由するものがガソリン、鉄材、トラック、および弾薬その他で、毎月一万一〇〇〇トン。

ビルマ・ルート経由が武器弾薬、火薬、工作機械などで毎月四〇〇〇トン。南支那（中国南部）ルートが同様な物資を毎月九〇〇〇トンで、総計で月間二万四〇〇〇トンが補給物資として運ばれていた。

日本は一九四一年四月から、駐米大使・野村吉三郎とアメリカ政府国務長官ハルとの間で交渉を開始した。しかし、アメリカは日本軍の中国からの撤兵と、日独伊三国同盟からの脱退を要求して、日本側はこの要求を受け入れられないとして反発していた。

その具体的なあらわれが一九四一年四月の日ソ中立条約である。

日米交渉中にソ連と中立条約を結んで北方の安全を確保した日本は、一九四一年七月二十八日に南部仏印（フランス領インドシナ南部）に進駐すると、態度を硬化させたアメリカは、その年の七月に在米日本資産を凍結し、八月には石油などの重要物資の対日輸出を一切停止したのである。

そのうえに、ABCDライン（Aはアメリカ、Bはイギリス、Cは中国、Dはオランダの四カ国を指す）で対日包囲網を形成して、日本の南進政策に対抗したので日本は完全に孤立化した。

アメリカは武器貸与法によって、国際法上での中立の立場を放棄したものと見なされるのだが、この時点では、表向きはあくまでも中立国の立場を守ろうとしていた。そこに、傭兵航空団「フライング・タイガー」が生まれる要因があったのだ。彼らの任務は日本の南進により支障をきたす援蒋ルートの保護を秘密裏に行なうことであった。

傭兵航空団が中国へ

クレア・シェンノートは、一八九〇年にテキサス州コマースに生まれ、ルイジアナ北部の偏狭の地で育った。幼いころから人間が空を飛ぶことに興味を覚え、アメリカが第一次世界大戦に参戦した時に陸軍のパイロットになろうと志願した。だが、軍当局は二六歳という彼の年齢では、飛行訓練に耐え切れないと判断してそれを却下した。

シェンノートは歩兵となり、兵士としての訓練を受けながら、近くの航空隊基地の教官に頼んで、非番の時に飛行技術を教えてもらった。

彼にはパイロットとしての才能があり、メキメキと腕を上げていった。そして、教官からの推薦もあり、念願のパイロットとして航空隊に入隊できたのである。シェンノートは海外勤務を希望したが、そのころには戦争は終焉を迎えていた。戦闘に参加することなく、終戦を迎えたシェンノートの次の任務は飛行学校の教官であった。

飛行学校で戦闘機乗りとしての才能を磨き、垂直上昇や、錐もみ飛行、背面飛行、急角度の宙返りなど、空中戦に必要な飛行技術を得た。その技量の高さはアメリカ中の航空隊で有名な存在となったのである。

当時のアメリカ軍の上層部は、爆撃機を大型にして重武装を施せば、護衛の戦闘機は必要なくなると考えていた。このような爆撃機重視の方針は戦闘気乗りのシェンノートには受け入れ難いことである。彼は自分が爆撃機重視計画に反対していることを隠そうとはせず、自分の主張を論文として公に発表した。

軍の上層部はシェンノートの行為を無視したうえに飛行教官の職から外し、新設の航空隊の後方支援の任務に就かせた。シェンノートは一九三三年になると持病の喘息と低血圧症が悪化し、苦しめられるようになる。そして、飛行機に乗れないことに失望した彼は、旧友でパイロットの同僚でもあるロイ・ホルブルックに、民間の仕事を見つけてくれるよう依頼したのである。

ホルブルックは、早くから中国に渡って、日本から強力な軍事的圧力を受けていた中国空軍の顧問を務めていた。ホルブルックはシェンノートに、日本軍が蒙古や満州に侵略戦争を仕掛け、アジア征服の行動に出たことを伝えた。

シェンノートは以前に、ホルブルックに二個飛行隊分のパイロットを世話したことがあった。その時のパイロットたちからの手紙で、マスコミで報道されているよりも深刻な中国の惨状を知っていた。

一方、ホルブルックもシェンノートを中国空軍のために口説き落として、顧問役にしようとしていたのである。ホルブルックのシェンノートに提案した条件は、中国政府から顧問料として、月一〇〇〇ドルと活動費の全額を支払うという破格の好条件だった。

シェンノートの仕事の内容は機材の取得、パイロットの訓練、それに、日本軍の侵攻に対抗するための外国人傭兵団のまとめ役ということである。方法は自由で、いかなる手段を使っても任務を遂行すればいいということが気に入り、彼はその条件を即座に受けたのである。

シェンノートは船に乗って太平洋を渡った。彼が初めてアジアの地に足を踏み入れたのは、皮肉にも、これから戦うことになる日本の神戸港であった。神戸から中国入りしたシェンノートは、それから三年間、中国空軍のために働くことになる。

彼は全世界から傭兵を集めることに、特に熱心だった。現実問題として多数の戦闘機や機材を調達するには、アメリカ政府のバックアップが得られなければ難しい。しかし、ルーズベルト大統領は公式には、外国の戦争からは中立の姿勢をとり続けていた。

大統領は本心では中国を支援し、援助したいと考えていたので、シェンノートのやり方次第では、政治的な問題を起こさずに機材を手に入ることができる。

大統領の側近からこの情報を得たシェンノートは「中央航空機製作会社（CAMCO）」を作り、それを受け皿にして民間企業同士の取引という体裁を整えて、一〇〇機のカーチスP40戦闘機を四五〇万ドルで手に入れた。これらの購入代金は中国政府がアメリカ政府からの「負債」ということで会計処理されている。

パイロットも各軍の航空隊からいったん退役させ、民間人の資格でCAMCOと契約させた。この方法でシェンノートはパイロットを中国に集め、日本軍との戦闘に駆り立てたのである。

フライング・タイガーの誕生

パイロットたちは農民や、伝道師、エンジニアなどを装って中国に渡ってきた。彼らが中国に来た理由の第一は、何といってもその報酬が高額だったからである。当時の新米パイロットの五倍相当の月給六〇〇ドルと、日本機一機撃墜するごとに五〇〇ドルという気前のよさだった。シェンノートは集まったパイロットたちを中国内陸部の基地に連れて行き、実戦さながらの激しい訓練を行なった。

この傭兵航空団の特徴は、飛行機の機体のノーズにタイガー・シャーク（虎鮫）を描き、鋭い目で睨みつけたようになっていたことである。このアイデアは、北アフリカのオーストラリア軍のP40に、タイガー・シャークが描かれている写真を見た隊員が提案して、部隊のシンボルとなったものだ。

パイロットたちは、思い思いの色や形で描いたので同じ物は無く、遠くからでも誰の機か一目で分かるようになっていた。この絵で「フライング・タイガー」の名前が定着したが、本来は鮫でも、中国人にとっては虎は強さの象徴であったため「飛虎」と呼ばれたのである。

フライング・タイガーの任務は、ビルマから雲南に伸びている援蒋ルートを、日本軍の攻撃から守ることだ。このため、集まった三一八名の中で適する八四人のパイロットが厳選された。シェンノートはこれを更に三つの編隊に分けて配備したのである。三編隊の中の二個編隊は昆明から約一〇四〇キロ離れた基地に置き、一個編隊はイギリス軍援助のためにビルマのラングーンに派遣されている。

フライング・タイガーと日本軍との最初の闘いは、太平洋戦争開戦直後の一九四一年十二月二十日であった。その日、日本軍の爆撃機がベトナムのハノイから北上して昆明に爆撃を行った。フライイング・タイガーは帰途に着いた三菱製の双発中型爆撃機一〇機を追跡。中越国境付近で九機を撃墜した。

日本軍は高度の訓練を受けたアメリカ軍航空隊上がりのパイロットと、最新鋭の戦闘機が昆明辺りに進駐しているとは考えていなかったので、戦闘機の護衛をつけていなかったことで大きな被害を受けたのである。

十二月二十三日、日本軍がラングーンを爆撃。第一波の双発中型爆撃機一八機がラングーン市内の港湾施設に被害をおよぼした。第二波は爆撃機三〇機と直衛戦闘機二〇機が飛来。戦闘機のうちの八機は最新鋭の零式艦上戦闘機だが、他は機銃が二丁しかなく、オープン式コクピットの旧式の九七式戦闘機であった。

迎え撃った連合軍は、フライング・タイガーのP40戦闘機一五機、イギリス、オーストラリア、ニュージーランドの混成部隊のバッファロー戦闘機二〇機である。ゼロ戦相手の格闘戦になれば、Ｐ40の運動性能では太刀打ちできない。

フライング・タイガーＰ40の編隊は、シェンノートが考案したゼロ戦対策の訓練を受けていたので、スピードに勝るＰ40の特性を生かし、一万八〇〇〇フィートの高度からのスピードを生かした急降下攻撃をしかけた。このヒット・アンド・アウェイ戦法が有効だったのである。

ラングーンでの戦闘は七五日間にもわたった。シェンノートは中国の二個飛行隊をラングーンに派遣して、戦闘に参加させた。

幻の日本本土空襲計画

日米開戦になる直前に、蒋介石の要請でフライング・タイガーが中心となった大計画が持ち上がったことがある。

中国本土から爆撃機を飛ばして、東京と大阪を空襲しようという計画（作戦計画ＪＢ３５５）で、作戦には三五〇機のカーチス戦闘機と一五〇機のロッキード・ハドソン長距離爆撃機が参加する予定で、うまくいけば一九四一年九月下旬には、東京と大阪に焼夷弾をばらまいて紙と木で出来た日本の家屋を焼き尽くすはずだった。

だが、計画したビルマのイギリス空軍基地には、十月下旬になっても肝心の爆撃機が到着しなかったのである。爆撃機の需要が多く、フライング・タイガーに回せるほどの余裕は無く、十二月になっても届かず、一九四一年十二月八日（日本時間）の真珠湾攻撃で、日米が開戦すると中国大陸を経由した日本爆撃そのものが反故《ほご》にされたのである。

日本軍の勢いは一向に衰えず、一九四二年二月末にはラングーン郊外にまで迫ってきたので、フライング・タイガー編隊は北ビルマに避難することとなった。ラングーンでの戦闘そのものは日本軍の勝利に終わったが、フライング・タイガーとの戦闘に限って言えば、日本軍の損害は撃墜二九七機、未確認機一五三機、かたやフライング・タイガーが戦闘で失った戦闘機はわずか一〇機、三一八人中二五三人が生き残っており、日本軍が圧倒的に不利な結果となっている。

一九四二年に入ると、太平洋での戦闘が激しくなり、日本軍によって米英両軍が完全にアジアから駆逐されてしまった。

そのような状況の変化の中で、傭兵部隊が中国国内に留まる理由がなくなってきた。それにアメリカ軍上層部が懸念したのは、シェンノートの個人的な影響力が強くなりすぎて、中国のフライング・タイガーが、ある種の軍閥の様相を呈してきたことである。

アメリカはフライング・タイガーに解散を勧告し、アメリカ陸軍は、退役したシェンノートに将軍の位を与え、フライング・タイガー隊員全員に原隊復帰を許したのである。

こうして一九四二年七月四日、傭兵航空団「フライング・タイガー」は正式に解散し、指揮官シェンノートは第十四空軍に将軍として復帰。部下たちも全員が望み通りの職に付くことが出来たのである。

CIAのスカルノ政権を倒せ

スカルノ軍と戦う空飛ぶ傭兵

日本の敗戦に合わせて、インドネシア独立宣言を発し、初代大統領に選出されたスカルノだったが、戦争中の対日協力者であり、戦争犯罪人であるとの刻印が押されていた。

しかし、一九四九年のハーグ条約で、インドネシアの独立が国際的に認められると、スカルノは対日協力者という呪縛《じゅばく》から解かれ、次々とナショナリズムに基づく政策をとるようになった。

国際的には東西冷戦のすき間を縫って、アジア・アフリカの中立国と中国を、インドネシアの都市バンドンに迎え入れて、第三世界会議を成功させた。このことでスカルノ大統領は世界のリーダーの一人と目されるようになったのである。

勢いに乗ったスカルノ大統領は、旧宗主国のオランダを帝国主義者と決めつけ、アメリカ、イギリスを植民地主義者と悪意を込めて罵り、インドネシア内にあったオランダの資産を没収するなど、極めて中国寄りの政治姿勢をとり続けた。

国内的には、大統領の権力を強化して、意に従わぬ議会を解散させ、批判的な政党を禁止し、政敵を容赦なく逮捕した。大統領に批判的な新聞などを廃刊にするなど、ジャーナリズムを弾圧し、新聞記者を投獄して言論を統制したのである。

スカルノ大統領は、この過程でかつての同士にも過酷な扱いをするようになり、インドネシア独立を一緒に戦ったハッタ副大統領を辞任させている。

朝鮮戦争で共産中国と戦ったアメリカにとって、東南アジアの有力国であるインドネシアが、スカルノ政権下で中国寄りの行動をとることは憂慮すべき問題であった。また、スカルノ大統領は領土問題などで、隣国マレーシアと鋭く対立し、社会主義的な立場から非難を繰り返していたのである。

当時の東南アジアでは、旧フランスの植民地であったベトナム、ラオスが共産党政権の手に落ちてしまい、このままでは東南アジア全体が共産化するという「ドミノ理論」が、アメリカで盛んに論じられたころである。そのようなアメリカの目で見ると、スカルノ大統領の存在は、南からのドミノ倒しをやりかねない独裁者と映っていたのである。

インドネシア国内では、スカルノの強権的な政治姿勢に反発して、反スカルノ運動も起きており、反乱勢力は主にセレベス島を拠点として活動を続けていた。

アメリカのアイゼンハワー大統領は、スカルノ政権打倒に向けて結束を保てるよう、反乱勢力に援助を与え、秘密作戦を実行に移す決定を下した。

ＣＩＡは、インドネシア国内の反スカルノ勢力に連絡を取り付け、組織化を進めることとなった。反乱軍には元インドネシア政府の閣僚や軍高官、スカルノ政権に不満を持つ市民組織などが加わっていた。ＣＩＡを通じて、アメリカの援助を受けた反乱軍の組織は急速に成長し、スカルノ軍に対抗できるほどの軍事的実力をつけていったのである。

ＣＩＡは朝鮮戦争を経験した元米軍兵士などを傭兵として、すでにインドネシアに送り込んでおり、その傭兵の中には元空軍兵士も参加していた。ＣＩＡは彼らにＢ26爆撃機を供与してインドネシアに派遣した。反乱軍に空軍部隊を創設させ、これまでにない、機動的で戦闘力を持った反乱軍を作り上げていったのである。

この反乱軍空軍の創設に加わったのが、アレン・ローレンス・ポープという男で、典型的なプロの傭兵であった。

アレンは一九二八年ごろの生まれとされるが、幼い頃のことはほとんど知られていない。彼は長じて、フロリダ大学に入学するが、それも中退してテキサスの牧場に勤めた。しかし、単調な牧場生活に飽き、朝鮮戦争に志願兵として応募し、空軍に配属される。

空軍で受けた飛行訓練では、パイロットとして優秀な成績を修めている。訓練終了後は朝鮮戦争の第一線で活躍し、五五回の夜間戦闘に参加して無事生き残ったのである。

板門店での朝鮮戦争休戦協定が成立すると、アレンは空軍を退役してテキサスに帰還する。テキサスでは朝鮮戦争の経験を買われて、民間航空のパイロットとして採用され、結婚をして平穏な生活に入っていた。しかし、間もなく単調な民間航空会社の仕事に飽きたアレンは、平和な生活にも苛立つようになって妻と離婚し、航空会社も辞めてアジアに舞い戻ったのである。

民官航空輸送会社CATの、パイロットとして採用されたからである。

CATという航空会社は、CIAが全面的にバックアップして設立したもので、CIAが雇った傭兵たちによって運用されている。後のベトナム戦争では、武器や麻薬などの戦略物資を運び、CIAの隠れ蓑となったエアー・アメリカの前身である。

当時、CATはベトナムでの第一次ベトナム戦争に参加しており、アメリカが表立って支援できなかったフランス軍のために、軍需物資を含めたさまざまな資材を運び、さらには戦闘にも加わっていた。

CATには、ロマンチストで冒険好き、近代的な航空業界には馴染めないアレンのような男たちが揃っていた。アレンは当時のアメリカ人傭兵の典型的な人物で、自分のプロとしての技能を認めてくれるところがあれば、雇い主は誰でもよかったのだ。

アレンがCATに入って間もなくに、フランス軍がベトナム軍に降伏して撤退した。そのためアレンがCATで働いた期間はそう長くはなかった。

フランス軍がインドシナ半島から追い出された後、アレンと親しい仲間達は、CIAから誘われて、次なる新しい仕事に就いた。それが、スカルノ大統領に反旗を翻しているインドネシアの反乱軍だったのだ。

アレンたちはセレベス島の基地で反乱軍に飛行訓練を行って作戦機を操らせ、一人前のパイロットとして鍛え上げて、反乱軍空軍を作り上げたのである。ときにはアレンたちも、教え子であるパイロットたちとともに、スカルノ大統領の率いるインドネシア軍の攻撃に加わっている。

一九五八年初頭、アレンはセレベス島からB26に搭乗して、インドネシア空軍基地を空襲した。だが、対空砲火で撃墜され、一命は取り留めたものの膝を骨折し、インドネシア軍に捕獲されたのである。裁判では有罪となって銃殺刑が宣告された。だが、反乱軍の目指した革命も挫折してしまい、刑は減刑された。

一九五八年春、アメリカの駐インドネシア大使は「刑を受けているパイロットは、金につられて傭兵となったアメリカの一市民にすぎない」と声明を発表し、アメリカ政府とアレンの行為は全く関係ないことを強調していた。

その後アレンは、ケネディが大統領になって、インドネシアとアメリカの外交関係が好転するまでの四年間、インドネシアの刑務所で、鬱々と過ごさなければならなかったのである。アレンは釈放されたがアジアに嫌気がさし、誘われるままにCIAの諜報員になった。そして南米で長らく諜報員として働いたが、いつの間にか消息は途絶えてしまったといわれている。

ジャングル戦のプロ少数民族傭兵部隊

ベトナム戦争と傭兵争奪戦

第二次世界大戦後、再びベトナムを植民地として支配しようとしたフランスは、ホーチミン配下で独立を希求するベトミン軍と闘い、敗北を喫して撤退した。これを第一次ベトナム戦争とよぶ。

一九五四年にジュネーブ協定が結ばれ、ベトナムは北緯一七度線で南北に分断されることとなった。翌年、アメリカによって南ベトナムに親米政権が樹立し、ホーチミンの率いる北ベトナムの社会主義政権と対立した。

一九六〇年になると、南ベトナム国内に「南ベトナム民族解放戦線」が結成されて、内乱状態に陥った。

アメリカはドミノ倒しのように、東南アジアに次々と共産化が浸透して、南ベトナムが共産化することを強く懸念し、一九六二年二月、南ベトナム援助軍司令部を設置して本格的にベトナムに介入していった。

そして、一九七三年一月のパリ協定で「名誉ある撤退」が決定するまでの一一年間に、一時期は五〇万人に達する大兵力を投入して、一五〇〇億ドルの戦費をつぎ込んだ。結局アメリカは、五万六〇〇〇名以上の死傷者を出しながら敗北したのである。

敗因はいろいろと挙げられるが、アメリカ軍兵士がベトナムでの慣れないジャングルの戦場で、見えない敵と戦う恐怖に打ちひしがれたこともあげられる。

ベトナムのジャングルでアメリカ軍兵士とともに戦った、タイ軍特殊部隊の将校の証言では、ジャングルの劣悪な環境に理性を失う米兵も多く、少しの物音にもすぐ発砲するような状態だったという。

タイ軍のベテラン軍曹が「われわれタイ軍にとって、怖かったのはベトコン兵ではなく米軍だった。われわれはジャングル戦になれているから、身軽な兵装で素早く動く事が出来たが、そのことで米兵にはタイ軍とベトコンの見分けが付かず、後ろから米軍の集中砲火を浴び、やむなく応戦したことも数多い」と、証言している。

米軍兵士たちはジャングル戦でストレスがたまり、麻薬にはけ口を求めていった。アメリカ軍には、ジャングル戦に打ち勝つために、地元に精通し闘い慣れした戦士がどうしても欲しかった。その要求にこたえたのが、山岳少数民族で編成された傭兵部隊であった。

ベトナム戦争中に、アメリカ軍の第五特殊軍と協力して、輝かしい戦果を挙げた山岳民族の傭兵隊のことは、記録にほとんど残っていない。この民間不正規防衛グループ（ＣＩＤＧ）と呼ばれる部隊は、第一次ベトナム戦争中、フランス植民地軍配下にあった戦闘的な山岳民族を、ＣＩＡが募集することを発案したものである。

東南アジアの山岳民族は、山地奥深くの小さな孤立した村で、彼ら独自の伝統的な生活様式で暮らしていた。村それぞれに独自の規律を持っており、それに従って尊重を選び、長老委員会を組織していたのである。彼らには国境などは存在せず、北ベトナム政府だろうが、南ベトナム政府だろうが全く関係が無く、生活していく上で利害関係は皆無であった。事実、ＣＩＤＧの兵士達は南北政府を同じように嫌っていたのである。

共産党も山岳民族の存在を重要視して、さかんにアプローチし、山岳民族の差別問題や経済格差などのイデオロギーを植えつけて、戦闘に借り出そうとしたが、彼らにはほとんど関係の無い話でしかなかった。

共産主義者たちは、オルグが効果ないと悟ると、彼らに暴力をふるい、見せしめのために、村人を殺害した。そのため、多くの山岳民族の村では、女子供が殺されるのを危惧して、しぶしぶながらも彼らに協力せざるを得なかったのである。その中で、最も戦闘的なレ族はナイフと弓矢で武装し、ベトコンに可能な限りの抵抗を行なっていた。

前述のように、CIAはフランス軍が撤退する前からベトナムにかかわっており、山岳民族にもさまざまなアプローチを試みていたのである。一九六二年にアメリカ軍が本格的にベトナム戦争に介入した時から、レ族のベトコンに対する抵抗方法は劇的に変化した。レ族を含む多くの山岳民族が、アメリカ軍と共同で戦うことを承認したからだ。

この年、CIAとアメリカ軍特殊部隊の将校たちが山岳民族のエリアに入り、米軍の特殊部隊と協力関係を結ぶように勧誘した。ラオスとカンボジアから共産主義者の工作員や軍隊が山伝いにベトナムに侵入してくるのを防ぐためである。共産主義者の工作員はホーチミン・ルートを伝って、北ベトナムからの戦略物資を南ベトナムに運び込んだり、山中に隠匿していたのだ。

アメリカ軍とCIAは、山岳民族を協力させるのに、ベトコンと違ってイデオロギーと恐怖に訴えなかった。アメリカ軍は食料、医薬品、こまごまとした日用品を大量に持ち込んでいた。山岳民族はベトコンとは違うタイプの人たちに親しみを覚えたようだ。

アメリカ軍は、特に陽気な気質の軍人や、エージェントを選んで山岳民族と接触させた。よく食べ、よく笑い、親しみやすいキャラクターが功を奏し、山岳民族たちはアメリカ人のことを「楽しい人たち」と呼ぶようになったのである。

山岳民族が一年間の収入だという額以上を、アメリカ軍が一ヶ月の報酬として支払うことを申し出ると、彼らは村をこぞってベトコンや北ベトナム軍と戦うことを約束した。さらに山岳民族志願兵のための、軍事訓練場も提供してくれたのである。

優秀なジャングル戦士たち

やがて、レ族、ブル族、モン族の村から若者たちと、その家族が山から下りて来て、ラオス国境に設営したラン・ベイの基地に集まった。

彼らは射撃訓練を受け、制服を着ることを教えられ、隊列行進や分裂行進、近代軍としてチームで行動することなどの基本訓練を受けた。

これらの訓練は、ずっと後まで彼らの思い出の中に残り、「アメリカ人たちは、我々にベトコンをジャングルの中で見つけ出し、殺すためにはチームとして行動しなければならないことを教えてくれた」と、サンフランシスコで受けたインタビューに、レ族の元傭兵は答えている。

基本的にはＣＩＤＧの兵士たちは契約に基づいて雇われている。主な任務は捜索、パトロール、基地の防衛などである。

彼らはベトコンの武器を奪えば、特別ボーナスが貰えた。なぜなら、ベトコンでは、人は簡単に補充できるが、武器は貴重品でなかなか揃わなかったからだ。

ベトコン兵士たちの、山岳ジャングルでの生活は非常に過酷なものであった。逆に山岳民族傭兵たちにとっては、ベトコン兵士の補給の困難さは、金を得る格好の場所だったのである。ベトコンの武器を奪えば金になるということは、彼らの人間的センスにうまくアピールしたものらしく、金を支払う側が困るほど大量の武器を奪って来た。

CIDGが活躍するほど、南ベトナム軍との間に不協和音が出始めた。

ベトナム人は山岳民族を蔑視しており、彼らを野蛮人だと見ていたのである。山岳民族がゲリラ兵士として優秀な成績を上げ、金も稼ぐとなれば面白いはずが無かったのだ。

山岳民族たちも、ベトナム人のことを似非《えせ》教養人で、都会かぶれしているに過ぎないと思っていた。だが、こうした摩擦を抱えながらも、この両者が共同作戦をやると実にうまくいき、絶大な戦果を挙げてくるのである。

数年たつとラン・ベイの共同キャンプは拡張され、同時に彼らの能力も格段に上がって行った。彼らの作戦地域も、川を挟んだラオス・ベトナム国境をまたいで、両国間に広がって行った。彼らの能力は高く評価され、ケサン基地にも派遣されて、基地周辺のパトロール任務に付くこととなった。しかし、ケサンのアメリカ海兵隊は彼らを邪険に扱うことが多く、結局はラン・ベイ基地に舞い戻ってきた。

ベトコンにとって、ラン・ベイ基地は実に頭の痛い存在となっていた。この悩みを解決するために、共産党の指導者は毎日のようにブル族の村とラオス側のキャンプにスパイを送り込んだ。だが、ほとんどのベトナム人たちは、山岳民族傭兵隊の武勇と戦闘技術を計算に入れない。それは共産主義者であっても同じで、スパイたちは専らアメリカ軍の行動に関する情報ばかりを集めていたのである。

スパイが増加していることは、山岳民族傭兵隊にすぐさまキャッチされた。彼らの情報収集では、ベトコンの手が基地に伸びてきており、基地への攻撃が近いことが判明した。その警戒を強めていた矢先に、ラオスからの道路に沿ってPT76攻撃型軽戦車を主力に進撃して来た。突如として強力な火力の攻撃が始まり、手始めにブル族のキャンプが押し潰された。この攻撃にはベトコンだけではなく、北ベトナム正規兵も参加していたのである。

共産軍の火砲の一斉射撃は激しく、ブル族の兵士や、特殊部隊の軍事顧問団にも多数の犠牲者が出た。目撃証言によると、CIDGとアメリカ陸軍特殊部隊・グリーンベレーは協力して闘い、ラン・ベイキャンプの中心部にまで入り込んだ共産軍に対して果敢な攻撃しかけていたという。

　山岳民族傭兵部隊の対戦車砲が、ＰＴ76に向かって発射され、若い兵士は戦車正面に飛び出して携帯対戦車ロケットで反撃をした。塹壕では傭兵部隊とグリーンベレー隊員が、互いに信頼感を共有して、敵への射撃を続けたのである。

　しかし、共産軍の火力と兵力は、キャンプ内の兵力の三倍もあり、次から次と間断無く続く砲撃と兵士たちの突撃で、時を追うごとにＣＩＤＧとグリーンベレーにとっては不利になっていった。彼らがどれだけ高度な訓練を受けていようが、いかに勇敢に戦おうが、共産軍の全てを殺すことは不可能だったのだ。

　塹壕の中にいたアメリカ軍と山岳傭兵部隊員には、このまま殺されるか、死に物狂いで抵抗するかの二者択一しかなかった。あるグリーンベレーの軍曹が塹壕から飛び出して敵の戦車に向かって攻撃を仕掛けたのをきっかけに、全員が再度勇気を奮い起こして敵に立ち向かったのである。

　戦闘が三時間に及んだ時、後方に回り込んだＣＩＤＧの兵士たちが攻撃を仕掛けた。これをアメリカ軍の援軍の到着と思った、共産軍の司令官が退却を命じた。その後、退却戦が一時間近く続いた後、キャンプはようやく銃火と砲声から開放された。

キャンプ内は、双方の戦死者や負傷者で、阿鼻叫喚の地獄絵図が展開されていた。

こうした山岳民族傭兵部隊の働きに感謝の意を表わすため、各チームの指揮官たちが山岳民族部隊員のアメリカ入国の推薦状を書き、アメリカでの自由な生活を希望した、数多くの山岳民族傭兵部隊員たちがアメリカ移住を果たしている。

ベトナム戦争後も、ベトナムとラオス国内に残った傭兵部隊の一部は、山岳地帯に立て籠もって共産主義政府に対して抵抗を続けている。

二〇〇〇年はベトナム戦争が終わって二五周年目に当たった。四月三十日の戦争終結記念日前後には、海外およびベトナム国内の反政府グループのメンバーが、ホーチミン市やハノイ市などの都市で、暴力行為におよぶ可能性があるとされていたが、実際には目立った動きは見られなかった。

しかし、カンボジア国境地帯の山中には、ベトナム戦争時にアメリカ軍に傭兵部隊として雇われたモン族をはじめとした、レ族、ブル族などの反共ゲリラの残党も残っている。

中でも最大の抵抗勢力として残っていた、モン族ゲリラとベトナム政府の和解は、一九九二年十月に正式に成立した。だが、その後のベトナム政府の、山岳民族への取り扱いに不満を持つグループも多いといわれている。

事実、中部のザーライ省とダラク省で、二〇〇一年一月末から二月上旬にかけて少数民族による一〇〇〇人規模の抗議行動が発生し、治安当局との武力衝突にまで発展した。

アメリカ在住の元南ベトナム空軍将校が、タイの空港からチャーター機を飛ばし、パイロットを脅してハノイ上空に行くように命じ、空からハノイ市内に向けて反共ビラを撒こうとしたが、このハイジャックは失敗し、タイの当局者に身柄を拘束されている。

二〇〇一年九月三日には、フィリピンのマニラにあるベトナム大使館爆破の目的で、マニラ市内に潜伏していた、アメリカ国籍の山岳民族出身ベトナム人二人が逮捕された。この時、東京都江東区出身の、六二歳の日本人男性も逮捕されているが、彼は事件への関与を強く否定している。彼らの住んでいたアパートからは大量の爆発物が押収された。

ドロドロとした戦争ビジネス

横行する兵器詐欺

イラン・イラク戦争が勃発してから、およそ九ヶ月たった一九八一年六月のある日、台湾の貿易会社社長・呉福久と名乗る中年の男が、イランの首都テヘランに現れた。彼はあらゆる伝手《つて》をたどって、イラン国防省の役人と接触し、台湾製の武器をイランに供給する仲介を持ちかけたのである。

この当時のイランはイラクとの戦争を継続するにあたって、武器が喉から手が出るほど欲しい状況だった。イラン軍の兵器はパーレビ国王時代にアメリカから購入したものがほとんどだが、テヘランのアメリカ大使館占拠事件などで、アメリカとの国交が断絶していたため、兵器部品の供給が受けられず、深刻な兵器不足に陥っていたのである。

当時の台湾は対空ミサイル「雄峰」をはじめ、アメリカ製の地対地ミサイルオネスト・ジョンを改良発展させた国産ミサイル「黄峰」（一九七八年十月公開）、ジェット戦闘機、自走砲など、自国産の近代兵器を製造していた。イランと台湾の間には国交はないのだが、イラン政府は呉福久の申し入れに飛びついた。イランは呉との間に総計一五〇〇万ドル（当時の為替レートで約三五億円）の兵器購入契約を結んだのである。

呉の条件は、代金を台北市《たいぺいし》にある彰化銀行大同支店に振り込むことだった。イラン側は、代金の引き出しをイラン政府が派遣する三人に限定することで、呉の条件を受け入れた。

七月初旬、イラン政府はイギリスの銀行を通じて、呉との契約通りの台北の銀行の、イラン政府が指名した三人のイラン人の連名口座に、全額を振り込んだのである。

七月下旬に一人の台湾人に伴われて、イランのパスポートを持つ三人の外国人が台北市内の彰化銀行を訪れた。銀行側はパスポートの名前、番号と口座の名義が一致していることを確認し、その三人の指示で、香港、アメリカ、イギリス、サウジアラビアなどの銀行に全額を振り込んだのである。

ところが、その五日後、別のイラン人三人が銀行に現れ、金の支払いを求めたのである。銀行側は、彼らのパスポート番号が通知されていたものと違っていたので相手にしなかったが、その後の調査で後から現れた三人こそが、イラン政府が派遣した「本物」であることが分かったのだ。

本物の三人は国交の無い台湾に入国するビザを取得するため、シンガポールで一週間も足止めされ、やっとの思いで台湾にたどり着いていた。しかし、銀行が三人を「本物」と確認した時には、代金は全額外国の銀行に振込まれ、もちろん、武器もイランの手には渡らなかった。

呉はカネを手に入れた直後に、台北の自宅から家族とともに姿を消していた。呉の貿易商社も登記は残っているが、事務所は一人の社員も残っていないもぬけの殻だった。

驚いたイラン政府は、二度にわたって台湾に調査団を送って調べた。だが、結果的に詐欺に引っかかったことを認めざるを得なかったのである。イラン政府は台湾の銀行を相手取って訴訟を起こしたが、原告の的確性が充分証明されていないとして、裁判所は訴えを却下している。

イランは一九八一年四月にも、スペインで武器の売買に関する詐欺事件に巻き込まれ、五六〇〇万ドル（当時のレートで約一三二億円）を詐取されている。また、日本政府にも正式に対空ミサイルの売却を打診してきている。当然ながら、日本政府は武器輸出三原則を理由にして断っている。

これら一連のイランの動きは、当時のイランの焦りを感じるに余りあるものだ。台湾を舞台としたこの詐欺事件も、イランの足元を見透かしたようなもので、このミステリーの最大の謎は、本物のパスポート番号がどこで入れ替わったのかということだろう。事件について、地元台湾の新聞はイラン政府部内の腐敗を匂わせているが、この事件でも見られるように、武器の売買にまつわる話は国際詐欺事件をも含めて、戦争ビジネスのドロドロした様相を多分に含んでいる。

戦争を創る兵器ビジネス

一九八〇年九月二十二日、イラク軍がイラン領内に攻撃を仕掛けたことで、イラン・イラク戦争は勃発した。戦闘は長期化し、一九八五年からはイラン・イラク双方がペルシャ湾を航行する船舶への無差別攻撃を開始し、ここを航行するタンカーの防衛に協力することで、日本にはじめて国際貢献論議が持ち上がった。

戦争が長期化するにしたがって、東西両陣営ともにイラク支援に傾き、一九八八年八月二十日には、停戦を呼びかける国連安保理決議を、イランが受け入れる形で停戦のプロセスをたどったのだが、この戦争は実に不思議な戦争であった。

何が不思議かというと、両国ともに自国で近代兵器を製造する技術力が無いにもかかわらず、八年間もの長期にわたって近代戦を戦い抜いたということである。

国内に兵器産業が無く、輸入兵器に頼る戦争は、国外からの補給が続かない限り、最大限三週間程度で戦力の大部分を失い、戦争を続けられなくなるのが常識とされている。

にもかかわらず、この両国が長期間の戦闘を続けられた最大の要因の一つは、アメリカ、ソ連をはじめ、フランス、イギリス、イタリア、当時の西ドイツなどの先進工業国が競って兵器を売り込んだことにある。

紛争が多発する地域の国々に対しては、各兵器供与国が域内の戦力バランスを崩さないため、攻撃性能の高い兵器の供与を控えるのがそれまでのあり方であった。つまり、兵器の生産が出来ない国同士が戦争を始めれば、大国や兵器供与国の危機管理が発動して兵器の供与をストップさせ、戦争を短期間で終わらせる方向に向かうのが一般的なパターンだった。

だが、イラン・イラク戦争では、これは兵器供与国に危機管理の意思が無かったといわざるを得ない。なぜ危機管理の意思が無かったのか？　それはひとえに先進工業国の経済的理由と、兵器産業のビジネス意欲に国家が動かされた結果といえるのだ。

イラン、イラクをはじめ、アフリカ諸国など第三世界への武器輸出は、米ソ両大国が時代遅れとなった余剰兵器を、無償で提供する「武器支援」が主流であった。

ところが一九六〇年代に入ると、まずソ連がエジプト、シリア、イラクなどの中東諸国に対して、基地や軍事施設の使用を条件にしたり、あるいは低利の借款を盛り込んで、自国やワルシャワ条約軍で使っている高性能兵器の供与を始めるようになった。アメリカもこれに対抗して、地域のパワー・バランスを図るためと称して、イスラエルにさまざまな新兵器を供与するようになったのである。

一九七〇年代に入ると、この様相が劇的な変化を遂げた。一九七三年、イスラエル軍とエジプト・シリア連合軍間で戦争が勃発した。この第四次中東戦争を契機にして、反イスラエルを掲げるアラブ諸国が原油値上げを一方的に通告した。

この衝撃は「オイル・ショック」となって全世界に波及し、先進国に経済的な打撃を与えた。その反面、原油の高騰はアラブ産油国に、巨大なオイル・ダラーをもたらすこととなった。その額はペルシャ湾産油国全体で、年間約一二〇〇億ドルにもなった。

そして産油各国には、毎年約七〇〇億ドルという莫大な現金が、使われないまま残っていくこととなったのである。この金が年々貯まって、一九七〇年代後半には、五〇〇〇億ドルを上回り、人類の歴史がはじまって以来の巨額の富が蓄えられたのである。

この金額は、アメリカがほぼ二世紀にわたって、営々として築いてきた財産に相当するもので、アラブ諸国はそれを五年ほどで蓄えてしまったのである。

振り返ってみると、先進諸国はオイルショック以前には、原油価格を現在のミネラル・ウォーターよりも安い、一バーレル=一ドル四〇セントという、ただ同然の値段で持ち出していたことに対する「おとしまえ」がつけられことになる。これは、アラブ諸国と先進国との間にあった、あまりにも不平等な関係が改善され、経済民主主義体制が確立されたということでもある。

しかし、この原油値上げが日本経済に与えた影響は重大だった。一九七二年度の一バーレル当たり二・六ドルの原油輸入価格から、一九七四年度には一一・五ドルとなり四・四倍に高騰したのである。この結果、日本国内の諸物価は高騰し、企業への石油・電力供給削減措置がとられて省エネが叫ばれた。

オイルショックが高度経済成長期の日本経済に逆噴射の作用をし、成長が止まってしまったのである。街のネオンは消え、テレビも放映時間を短縮し、石油不足による物不足となって、庶民は買いだめパニックに陥り、スーパーマーケットにトイレットペーパを求めて主婦が殺到するなど、狂乱物価の緊急事態となったのである。オイルショックは、先進国の経済構造を根底から揺さぶり、日本をはじめとする各国に失業と不況を招いていた。

このとき、大きくクローズアップされたのが兵器産業である。

フランスの兵器産業の場合には、関連企業も含めると約一〇〇万人の労働者を抱えている。当時フランスの失業者は二〇〇万人に達し、オイルショックによる経済力の低下でインフレ率も一四パーセントに達していた。一方で工業製品の国際競争力低下もあり、当時のミッテラン社会党政権にとって、兵器産業の育成と拡大こそ政権維持の道だったのである。

アメリカも事情は同じだった。兵器工業は全米の産業構造の中で十パーセントを占める重要な業種で、全米の科学者や技術者の二五パーセント以上が防衛関連の雇用者となっていた。これは米国内の農業事業者総数の二倍にもなる。

イギリスや西ドイツ、イタリアも似たような事情で、オイルショック以降、先進工業国は武器の輸出に頼らざるを得ない、重要な輸出品目とはなってしまったのだ。これら、先進国にとって中東はオイルダラーがだぶついている絶好の兵器市場で、アメリカ、ソ連をはじめ、フランス、イギリス、イタリアなどが、ニュー・モデル兵器の売り込みにしのぎを削ることになった。

先進国が自国の経済不況を克服するために、手っ取り早い手段として武器輸出に狂奔《きょうほん》するという状況は、武器輸出のスタイルも変えた。これまでの、旧式の兵器を供給するという段階から大きく様変《さまが》わりし、自国でさえまだ装備していない新兵器まで輸出してしまうという常識はずれの事態を引き起こしている。

たとえばイギリスは、パーレビ国王時代のイランへ、強力な走行と他国に先駆けて一三〇ミリ砲を搭載したチーフテン戦車の、性能向上型MK5を七六〇輌を売っている。この戦車はパーレビ国王の特注規格で、レーザー測距儀と自動弾道計算装置を備え、エンジンも強力なものになっていた。驚いたことに、イランへの輸出が開始された一九七三年当時のイギリス陸軍には、一輌も配備されていない高性能戦車だったのだ。

イラン国王は、さらに一三〇〇輌を追加発注した。これでイランの戦車保有数はフランスとほぼ同数となり、エジプトとイスラエルの合計数に匹敵し、イラクより三〇パーセント、シリアより二五パーセント上回ることになる。そして輸出元のイギリスの二倍になるはずだった。

だが、戦車の追加注文分が引き渡されている段階で、イラン革命が起こり、パーレビ国王が国外追放されて中断してしまった。これから見ても先進諸国の超最新鋭兵器の輸出は、政治的にも不安定な中東諸国の軍事的バランスを一挙に突き崩し、戦争の要因を作っていたことがわかる。

この傾向に拍車を掛けた世界的大事件は、一九七三年のベトナム休戦協定である。

この年の一月には、アメリカと北ベトナムとの間で休戦協定が成立し、一〇年余り続いた戦争の終了によって、アメリカの兵器産業は需要の激減に苦しむようになった。各メーカーは競ってイラン政府との契約に殺到し、猛烈な兵器売り込み競争が始まったのである。

兵器産業の不況は、ベトナム戦争を終結させたニクソン大統領にも、政治的圧力となって襲いかかり、一九七二年五月の大統領のイラン訪問は、さながら大統領自らセールスマンになって、アメリカ製兵器を売り込んでいた。

ここではF14戦闘機の供与や、パキスタン国境に近い海岸のチャー・バハールに海軍と空軍の大基地を建設し、そこをアメリカの原子力潜水艦隊寄港地とし、それに関連するさまざまな施設を建設することや、イラン国内に八億五〇〇〇万ドルもする、ロックウェル・インターナショナル社の電子偵察システムを管制させるなどを、大統領とパーレビ国王との間で合意したのである。

一九七六年には、アメリカ本国にさえ実践配備されてわずか一一カ月しか経っていない、新鋭のF15戦闘機二五機をイスラエルに供与した。この新鋭機をイスラエルの敵対国であるサウジアラビアにも、売ることを約束したのである。

このF15イーグルは、アメリカのマクダネル・ダグラス社製で、大出力のエンジン二基と大面積の主翼の組み合わせから得られた、鋭いダッシュ性能と大型機とは思えない軽快な運動性能を持ち、敵ミサイルを回避したり、対戦闘機戦での格闘能力を重視した本格的な制空戦闘機である。

新世代の戦闘機にふさわしく、ディジタル化した高性能コンピュータと、火器統制システム（FCS）を搭載して対地攻撃能力や長距離の低空進出による戦術阻止にも優れている。

それだけに、価格も一機当たり一九〇〇〜二五〇〇万ドル（約四〇〜五三億円・当時）もし、それまで主力戦闘機であったＦ４ファントム戦闘機の四倍もする極めて高価な兵器であった。ニクソン大統領がイランに売却を約束したＦ14Ａトムキャットも、アメリカ海軍が一九七二年から就役させたばかりの機体だ。実を言うと、イランが購入したＦ14は米海軍のものより高性能機で、一〇〇キロメートル以上もの射程を持つフェニックス空対空ミサイルを運用するウェポン・システムであり、その運動性能はコンピュータコントロールされた可変翼とエルロンやフラップなどの翼機構がさまざまな運動を可能にしているのが最大の特徴であった。

さらに驚くことは、アメリカ空軍の実戦部隊にＦ15Ａの配備がはじまったのは、一九七六年一月のことであり、計画では一九八二年初頭までに三三個飛行隊（うち機種転換訓練や戦闘技術研究用に五個飛行隊）に合計七二九機が配備されることとなっていた。

ところが、アメリカ空軍へ配備されだした、わずか一一カ月しか経っていない一九七二年十二月、（この時期にはバージニア州ラングレー基地に、三個飛行隊しか編成されていなかった）、アメリカ政府はこの新鋭機二五機を、イスラエルの求めに応じて引渡しをはじめている。

その背景には、第四次中東戦争で大量の兵器を失ったシリアに対して、ソ連が多数のT62戦車、ミグ23戦闘機などを重点的に供与しだし、シリアの軍備が戦前を上回るものに成長したことに、イスラエルが強い危機感を抱いたことがあった。しかし、ソ連側にとっても、エジプトがソ連離れを起こし、エジプトに供与する予定の武器が、宙に浮いていたという事情があったのだ。

イスラエルはアメリカに対して、その後もさまざまな最新鋭兵器の供与を求めた。中でも重要なことは、グラマン社製の空中早期警戒機E2Cホークアイ四機を供与したことである。このターボプロップ双発の中型機は、機体の上方に巨大な円盤状のレーダー・ドームを背負っており、地上の警戒レーダーの死角を狙って侵入してくる敵機を、上空から発見するだけでなく、地上や味方機とデータ・リンクできる能力があり、防空戦闘の他に対地・対艦攻撃の指揮管制も可能な画期的な空飛ぶレーダー基地であった(現在はボーイング707・767型旅客機の機体に、皿型レーダー・ドームを付け、さらに高性能な早期警戒管制機・AWACSが主流である)。

F15A、E2Cや各種新型ミサイルを備えた、イスラエル空軍の実力は驚くほどの高水準となった。アメリカ国防総省が一九七八年に行なった、コンピュータを使用した戦闘シュミレーションで、同盟国の戦力評価を試みたところ、イスラエル空軍の戦力は当時の西ドイツ、イギリスを含め、NATO加盟国の何《いず》れの空軍との戦闘にも勝利を収めたと発表されている。

翌一九七九年六月、このことを実戦で証明する戦闘が起きた。レバノン上空でイスラエル空軍のF15戦闘機四機が、シリア空軍の多数のミグ23と交戦し、瞬く間に一一機を撃墜し、イスラエルには損害機無しという驚嘆すべきパーフェクト・ゲームが展開されたのである。

このF15イーグル戦闘機の実戦は、いろいろと伝えられているが、情報を総合すると、イスラエルは、まずF4Eファントムの空襲でシリア側を徴発し、予め上空で監視に当たっていた空中早期警戒機E2Cホークアイが、迎撃に上昇してくるミグ23を捉えて、F15を理想的な位置に誘導し、最も高能率な攻撃を行なったようだ。

この戦闘でアメリカ製の武器の評価は一気に高まり、システム化された戦闘方法が、最も効率がよいとする認識が軍関係者の間に広まった。この後、E2CとF15のセットは最も戦闘効率の良いコラボレーションとして、日本をも含めて採用する国が増加し、一種の流行となった。

サウジアラビアもイスラエルへの対抗としてF15とE2Cホークアイとのセットを欲しがった。アメリカ国内ではイスラエル派が反対運動を起こし、サウジアラビアにはF15を供与しないように迫ったが、原油値上げを計画するOPECとの政治取引をサウジが仕切ることで折り合いがついた。サウジアラビアはアメリカとの約束通り、巨大な石油生産力に物を言わせてOPEC内で原油価格の大幅引き上げを主張するイランやリビア、イラクなどの急進派の勢力を押さえ込んだのである。

当時のカーター政権はOPECの要求に歯止めをかけ、石油供給を安定化するためにもサウジアラビアの協力を必要としていた。F15の輸出はサウジアラビアを味方に引き入れる格好の取引材料としたのだ。カーター政権は爆撃懸架装置や空中給油装置を取り外して攻撃性能を弱めることを条件とし、F15六〇機をサウジアラビアに供与することを決定した。

さらにスパロー、サイドワインダーなどの空対空ミサイルなどを付けて合計二五億ドルで引き渡すこととなった。この輸出には、供与された兵器の運用と整備の訓練のため、アメリカ軍人や技術者六四〇人がサウジアラビアに派遣された。

しかし、神聖なイスラム国サウジアラビアに、異教徒であるアメリカ軍が駐留し、アメリカ製の武器が入り込むことを、心の底から嫌う者たちがいた。それが後にイスラム・ファンダメンタリスト、オサマビン・ラディンを生む土壌となるのである。

泥沼化する兵器購入の構図

なぜ、こんな常識はずれの、馬鹿げた兵器輸出が行なわれたのか？　一言でいえば、最新鋭兵器の方が高く売れるからである。

以下のようなデータがある。一九四五年の段階で売られていた主力戦車一輌の価格は、平均五万五〇〇〇ドルであったが、一九九〇年代後半には二五倍以上になっている。戦闘機では一九五〇年代に、一機平均一〇〇万ドルだったものが、一九七〇年代には八〇〇万ドル、一九八〇年代のものは一六〇〇万から二四〇〇万ドルとなっている（ストックホルム平和研究所＝SIPRI資料）。

これらの最新鋭兵器を導入すれば、特定の機種を中心に、関連する兵器や施設などのハードウエアだけでなく、戦術内容、運用部隊の編成、配置、要員の訓練方法、バック・アップとしての整備補給システムを含めた武器体系が必要となる。

この武器体系は実戦部隊だけでなく、訓練部隊や学校、補給処などをも含む巨大な組織となり、その整備に多くの費用と時間、労力を必要とするものだ。たとえば、戦闘機を一機飛行させるためには、地上で二五〜三〇人の技術者の点検と整備が毎日必要とされる。

したがって、二〇機ないしは三〇機で編成されている一個飛行隊が活動するためには、通常で五〇〇〜一〇〇〇人もの整備、補給要員が基地で待機し、支援をしなければならないのだ。

しかし、これだけではまだ充分ではない。軍用機の場合には平時の運用ですら、一〜三年内に飛行機本体と同等価格の交換部品の補充が必要なのだ。そして、高性能機であれば一機当たり数十万点におよぶ構成部品の全てが滞りなく補給されるように、合理的な補給システムを完備しなければならない。

工業システムのない第三世界の国々では、この巨大なシステムの全てを売り手である先進工業国に依存しなければならない。その費用は膨大で、一度このシステムを整えると、違った体系の武器を導入する場合には、また最初から巨額な費用をかけてかけてやり直さなくてはならなくなるのだ。

先進国が超高性能武器を売りつけると、長期にわたって莫大な利益を上げられることとなるのである。

またこのことは、先進国が武器を通じて政治的な影響力を行使することや、軍事的な隷属関係を作り上げることにもなっていく。日本の自衛隊がアメリカ製の兵器を買い続け、他の国からの導入が少ないのは、日本の防衛戦力がアメリカの武器体系の中にがっちりと組み込まれているからである。

一九七〇年代に不況にあえぐ先進国が、国内の兵器産業と密接な関係を保ちながら、有り余るオイルダラーを吐き出させる手段として選んだのが、この最新鋭武器を中東へ輸出する道であった。

こうして兵器ビジネスは、一兵器製造企業だけの問題ではなく、国家戦略と深く結びついたものとなっている。それは、湾岸戦争をめぐった問題で、国連を舞台にした熾烈な駆け引きを展開した、安全保障理事会常任理事国の動きが如実に物語っている。

「国連」は兵器ビジネスの最前線

英国戦略研究所、ストックホルム平和研究所（ＳＰＲＩ）など、世界的評価の高い調査機関の資料から各国の武器輸出額を見ると、アメリカ、ロシア、ドイツ、中国、イギリス、フランスの順になる。アメリカとロシアは別格として、残り四カ国には順位の変動はあるが、必ずランキング六位までに入っている国だ。これを見て驚くのは、武器輸出上位六カ国の中でドイツを除く他は、全て国連安全保障理事会の常任理事国ということだ。

われわれ日本人にとって、「平和の象徴」と言うイメージが強い国連であるもかかわらず、武器輸出大国の「死の商人」が、国連の方向を決定する力を持っているのだ。日本政府は国連安保理常任理事国になろうと工作しているが、われわれはこの事実を一体どのように捉えればよいのだろうか。

第二次世界大戦後、一貫して武器輸出大国として、圧倒的な強さを見せているのはアメリカである。輸出のシェアではロシアのほぼ三倍で、全体の五〇パーセント以上を占めている。このことからすれば、現在では唯一の超大国となったアメリカは、世界最大の死の商人といえよう。

そして、世界の武器市場の構成を見ると、アメリカとロシアは高性能かつ大規模な武器を主に輸出し、フランス、イギリス、ドイツは中規模程度の兵器を手ごろな値段で売り込んでいる。さらに中国は安くて手軽な小規模兵器の輸出ということになり、現在のところ世界の兵器市場では、きちんとした住み分けが出来ているといえる。

また、兵器も商品である限り、一般の商品と同じような流行があり、兵器の売れ行きも流行によって左右されている。その典型的な例が、湾岸戦争後の兵器ビジネスの動向である。この戦争そのものがアメリカ製ハイテク兵器のデモンストレーションの観があった。

湾岸戦争は、東西冷戦の崩壊後のはじめての大規模戦争であり、国連決議に基づいて多国籍軍を結成してはじまったものである。日本も総額一三〇億ドルもの費用を提供し、ペルシャ湾での機雷掃海に自衛隊の艦艇を派遣するという形で戦争に参加している。

クウェートに侵攻したイラク軍と多国籍軍の戦闘は、開戦前から勝敗が決していた戦争であり、アメリカをはじめとする多国籍軍に参加したイギリス、フランス、などの武器輸出国には、戦争後の兵器ビジネスに有利に作用することになった。

湾岸戦争を冷静に見てみると、かつてアメリカ、イギリス、フランス、旧ソ連が売り込んだ武器で軍事大国となったイラクを、兵器の発売元が多国籍軍として破壊する「マッチ・ポンプ」の戦争だったといえるだろう。

そもそも、これらの国が兵器を売らなければ、湾岸戦争は起こり得なかったはずである。イラクが軍事大国に成長するのは、一九七九年にイランでイスラム革命が起こり、アメリカをはじめとする西側先進国や、旧ソ連とまで対立するようになったからである。

アメリカとイギリスは、一九七三年のオイルショックによる原油価格高騰で、膨大な石油収入を得たイランのパーレビ国王に、最新鋭の兵器を大量に売り込んだ。その後のイラン革命でパーレビ国王が追放された。イランはアラブ域内では群を抜く軍事超大国で、大量のアメリカ製、イギリス製の高性能武器を持ったまま、アメリカ、イギリスと対立する関係に入った。

兵器市場と、石油の利権の両方を失ったアメリカは、今度はイラクに武器援助を行ない、新たな市場とした上で、イランイラク戦争では一貫してイラクを支援し続けた。その間、フランス、イギリス、旧ソ連などが急速に武器輸出を伸ばし、アメリカも輸出のほぼ半分をこの地域に集中させていった。

これらの経緯を考えると、イラン・イラク戦争、それに続く湾岸戦争はアメリカをはじめとする国連安保理常任理事国の、「自作自演の戦争」であったという見方も出来るだろう。

兵器輸出国それぞれの思惑

フセイン政権打倒後も続く武器輸出国の確執

さらに注目すべきは、湾岸戦争後に各国が見せた態度である。

それが最も明確にあらわれたのが、湾岸戦争のほとぼりも冷めた一九九四年十月に、再びイラクがクウェート国境に軍隊を集結させた。これに対してアメリカのクリントン大統領は軍を投入して対抗し、同時にイラク南部へ戦車や重火器の投入を禁止する「地上軍展開禁止区域」の設置案を国連安保理に提案した。

しかし、フランスがこれに強硬に反対し、アメリカ案はつぶされてしまった。ロシアもコズイレフ外相をバクダッドに送り、イラクとの間で制裁解除に向けた妥協案をまとめて、イラクへの経済制裁続行を強硬に主張するアメリカ、イギリスと全く正反対の方向に向かったのである。

フランスとロシアが、このような行動をとるには理由があった。

その理由をフランスの側から見てみると、フランスでは一九九三年春に、これまでの社会党に替わって保守中道連立のバラデュール内閣が誕生した。この内閣は財界と密接な関係を保ちながら、長引く不況と深刻な失業問題を解決しようとしており、外交政策もその一環として行なわれていたのである。

そのため、イラクとの接触も企業レベルのものから踏み出し、政府自ら財界を後押しする格好でイラクに急接近していたのだ。

バラデュール内閣発足直後には、議会にフランス・イラク友好議員団が組織された。一九九五年六月には、日本の経団連に当たるフランス経営者全国評議会が代表をバグダッドに送るなど、フランスとイラクの間は緊密度を増している。これは、フランスが湾岸戦争直前まで対イラク経済・技術協力に加え、ミラージュ戦闘機売却などの軍事面での協力関係も結んでいたからだ。

このような関係からすると、再びイラクとの通商が可能になった時に、米英に利権獲得で負けることは出来ないという競争意識が、フランスの政財界にあったとされるのである。

一方、ロシアも旧ソ連時代以来、イラクに対してミグ27、ミグ29戦闘機などを売却し巨額の債権を持っている。一九九四年半ばには、その債権のうちの七〇億ドル分について、イラクに対する経済制裁解除と同時に返済を開始する合意を取り付けていた。

これとは別に、一〇〇億ドルの新規取引契約も結ばれていたとされ、経済混乱が続くロシアにとっては、イラク経済制裁解除は一刻を争うものであった。

二〇〇一年九月十一日の、米国本土同時多発テロ事件以降に、アメリカとイギリスが中心となって、アフガニスタンとイラクに対する攻撃が行なわれ、イラクではフセイン政権が軍事力で打倒された。

だが、フランス、ロシアなどが、国連の場で充分に論議を尽くさず、アメリカが身勝手な一国主義に陥ってイラクを攻撃したとして、それに反対しているが、その実はイラクに売りつけた武器代金の回収が遅れ、イラク国内の石油利権もアメリカとイギリスに独占されることを、深刻に憂慮した上での反対であることはいうまでもない。

フランス、ロシアともに、アメリカの起こした戦争の大儀をめぐって高尚な論議を唱えているように見えるが、国際政治の舞台裏ではこのような利害のせめぎ合いがあるのだ。

しかも、世界的な利害を分かち合う国連安保理の常任理事会の場で、自国のエゴでその方向性を決定しているというのが明確に見えてくる。この脈絡からすると、一般の日本人が描いている国連の理想から、国連そのものが大きくずれていることを、知っておかねばならない。

アジアに向けられた兵器ビジネスの視線

シンガポールで二年ごとに開かれている、国際兵器見本市（正式名はアジア・航空ショー）展示会場でオープニングセレモニーが終わった直後、フィリピンの女性記者が、ヨーロッパのさる巨大兵器メーカーのトップをつかまえて「アジアに武器が集中し、緊張が高まっている。おかげでフィリピンのように経済的に立ち遅れた国でも防衛予算を増やさざるを得ないその件に付いてどうお考えですか？」と、こう切り出した。

彼女の姿勢に、そのトップは一瞬たじろいだようだったが、冷静な口調でこう答えた。

「お国の国防予算の件は政府の問題でしょう。われわれのビジネスは政治とは関係なく、必要な物を必要な時期に必要な場所に提供する。このことに尽きます」

まさに彼の言うとおり、この航空ショーでは殺戮兵器の数々が、まるで新型車でも扱うかのように、次々と売り買いされているのである。

シンガポールの航空ショーは、冷戦中にはほとんど目立たず、出品される兵器類も二線級の物が多かった。それが東西冷戦終結後の一九九〇年代に入ってから、世界中の注目を集め始めたのである。

世界的に定評のある「ストックホルム国際平和研究所（SIPRI）」で出している『年次調査報告書二〇〇二年度版』によると、二〇〇一年の世界各国の総軍事費は八三九〇億ドル。アジアにおける武器の取引量は五五億六六〇〇万ドルで、全世界で取引された量の約三七パーセントを占め、ヨーロッパの三五億一二〇〇万ドル、中東の四億四七〇〇万ドルを、遙に引き離している（二〇〇〇年度の統計）。

この数字から見えてくるものは、東西冷戦後の世界情勢の大きな変化である。

冷戦が終わったことで、ドイツが統一されてEUが統合され、全ヨーロッパに紛争の火種がなくなり、ヨーロッパの軍事費が少なくなった。ところがアジアは、冷戦が終わってもパキスタンとインド、中国と台湾、南北朝鮮問題などの地域紛争の火種が際立ち、アジア各国は、軍拡に走らざるを得ないというのがその基本構図である。

兵器展示場ではアメリカ、ロシア、イギリス、フランスなどの兵器メーカーをはじめ、イスラエルやルーマニア、中国、南アフリカ、インドネシア、地元のシンガポールも自国製の大砲や機関銃、自走砲などを展示している。海軍用の兵器も加わり、まさに世界中の最新鋭兵器が集合した観がある。

同時に展示されていた民間航空機のことには、シンガポールのマスコミもあまり触れず、戦闘機やミサイルのことを大々的に採り上げ、その性能と兵器ビジネスの状況などを連日報道した。民間機よりも兵器に関心があるという雰囲気が露骨に伝わってくる。

兵器の展示場ではロッキード社、（アメリカ）、マクダネル・ダグラス社（アメリカ）、ダッソー社（フランス）など、名だたる兵器メーカーの社長や会長を含む企業のトップクラスが、自社の展示兵器の前に立ち、コンパニオンたちがにこやかに自社製の戦闘機やミサイルのパンフレットを配っている。こうした会場の雰囲気は、まるで幕張メッセのモーターショーのように、明るくて派手なものだった。

会場には日本の航空自衛隊の幕僚長をはじめ、アジア各国の国防相クラスのＶＩＰが次々と訪れ、実際に武器を手にとって見たり、戦闘機のコクピットに座ってみたりしていた。そのたびに各国の記者やカメラマンが集まり、さかんにフラッシュを焚《た》いていた。

中東の市場を失った死の商人たち

東西の冷戦構造が終わると、アジア全体の軍事情勢も変化した。

その最も大きな変化は、それまで東西両陣営に分かれて、互いに国内の反体制運動に対して支援していたことをやめたことである。

アジア各国は、本格的な東西の軍事対決は米軍・ソ連軍に任せ、専ら国内の反体制運動鎮圧を軍事戦略の柱としてきた。したがってアジア地域の兵器調達は、主として国境地帯のゲリラ戦や、国内鎮圧用の武器で、高性能のジェット戦闘機やミサイル、戦車などはそれほど必要とされなかったのである。

また、前述したように、東西冷戦が終結して国内の反体制運動は下火となり、それと同時に急速な経済成長があり、国家予算に余裕を生んでいた。大きくはこの二つの要因が重なり合って、高性能兵器を外国から導入する傾向が生まれたといえる。

では一体どのぐらいの規模でアジアの軍拡が進んでいるのか？　その実態をもう少し詳し

く見てみよう。

ニュージーランド国防省が発行した『防衛四季報』という資料がある。この中でオーストラリア国立大学戦略研究センター教授デスモンド・ポール氏が、アジアの軍事予算を分析している。それによると、アジア全体の軍事費は過去十年で倍増し、全世界の軍事費の四三パーセントもの割合を占めるようになったという。

そして、アジア諸国の中で、特に台湾、パキスタン、マレーシア、インドネシアの軍事支出の伸びが著しい。台湾とパキスタンは一九九〇〜二〇〇〇年までの一〇年間で軍事支出を四倍に伸ばし、マレーシアとインドネシアは二倍になっている。

こうした急速な伸びを見せるアジアの軍事支出はの使い道を分析して見ると、航空機に対して最も多く支払われていた。先の『防衛四季報』によると、このままでいけば、二十一世紀半ばには約三〇〇〇機の最新鋭戦闘機や攻撃機が、アジア各国の空軍に組み入れられると推測されている。

アジアの軍事当局が、これほど航空機にこだわるには理由がある。具体的に見ると、大部分の国で、現在の保有機が老朽化し、ちょうど買い替えの時期に来ているのだ。

中国と日本、北朝鮮を除いて、一九九〇年の初期までアジア各国の主力戦闘機として使われていたのが、アメリカ製のF5戦闘機である。冷戦初期に「フリーダム・ファイター（自由の戦士）」のニックネームでアメリカから無償供与されたものだ。

当時、アメリカは「世界の警察官」としての経済力と力を備えていたので、十六カ国に一〇〇〇機を越えるF5戦闘機を供与していた。アメリカは自国製の兵器システムを通じて、各国を軍事的、政治的に自分の陣営に組み込んでいったのである。

しかし、F5は原型機が初飛行したのが、一九五八年という古い軍用機で、何度か改良されたものの、とっくに時代遅れになっている。だから、なんとしても更新しなければならず、そのタイムリミットが一九九〇年代初期であった。アジア各国は経済が順調で、資金的余裕が出来たので、理想と現実がぴったりと合致する状況となった。

これは、世界の兵器メーカーにとってもタイミングがよかった。

東西冷戦終結後、軍備管理・軍縮時代に直面して、西側各国の軍用機メーカーは冬の時代を迎えつつあった。そのため、自国での需要が減少し、経営的に行き詰まりを見せていた。それに加えて湾岸戦争をはさんで、従来の得意先である中東諸国への輸出も、大幅に落ち込んでいた。

一九七〇年代には、最も多額のオイルダラーがあったとされる、サウジアラビアでは、一九八〇年代から九〇年代にかけては、石油価格低迷で一〇〇〇億ドルもの減収となっている。それに加えて、湾岸戦争ではイラクのクウェート侵攻に対して六〇〇億ドルもの戦費負担があった。

そのため、建国以来はじめて、国際金融筋から四五億ドルを借り入れざるを得ない状態に陥っていた。サウジアラビアは湾岸戦争以降、将来の脅威に備えるとして、アメリカから最新鋭の戦闘機F15を購入したが、その代金の九〇億ドルが期日までに支払えず、二年間でとりあえず六〇億ドルを払い、残金を繰り延べしてくれるように、メーカーのマクダネル・ダグラス社と交渉するような状態であった。

これでは兵器メーカーにとっては、中東市場は枯渇したのも同然で、これまでのように旨味のあるビジネスを期待できない。つまり、兵器メーカーにとっては、中東諸国からアジア市場へと、売り込みの重点をシフトしていかなければ生き残ることが出来なくなっていたのだ。

湾岸戦争で証明されたハイテク兵器

アジア諸国が次々に購入しようとしているのは、航空機を主とした高価なハイテク兵器である。それは湾岸戦争での戦闘経緯を見れば、容易に納得がいく。湾岸戦争では圧倒的な空軍力が勝敗を決しているからだ。

ステルス戦闘機、爆撃機、さらにトマホーク巡航ミサイルやスマート爆弾などのハイテク兵器がイラク軍を粉砕し、航空機支援で地上戦に突入した後も、ほとんど戦死者を出さず勝利した。この事実が世界の軍事関係者に大きな影響を与えといえるだろう。

著者は、一九九一年の湾岸戦争で、多国籍軍が地上戦闘に入る直前からソ連にいた。

そして、ソ連軍関係者と一緒にTVで戦闘シーンを見ていた。次々と破壊されていくイラク軍のソ連製戦車や装甲車、自走砲を見て、私はソ連軍将校をからかってみた。

「ソ連の兵器が、ずいぶんと派手にやられているじゃないの…?」

「ソ連製兵器が粗悪だからじゃないよッ、使い方が悪いんだッ。ソ連軍兵士が搭乗していたらあんなにやられるわけがないじゃないか……」

やや怒気を含みながらも、いかにも悔しそうな将校たちの顔が印象的だった。

湾岸戦争では、旧ソ連製の武器を中心にしたイラク軍に対して、特にアメリカ製のハイテク兵器が、西側の圧倒的な強さを見せ付けた。その意味からいえば、湾岸戦争はアメリカ製兵器の、またとないデモンストレーションの場となったのである。

冷戦構造の崩壊の要因も、軍事テクノロジーの面から見ると、アメリカが打ち出した戦略防衛構想（ＳＤＩ）に代表される西側のハイテク技術に、旧ソ連が付いてこられなくなったことが、大きな原因の一つだといわれている。

二〇〇三年のフセイン政権打倒作戦でも、アメリカのハイテク兵器の威力は、その効力をさらに増し、そのハイテク兵器をふんだんに装備している米軍の前に敵無し、との観が強まったものである。

これらのことを踏まえると、今後、超精密なスーパーハイテク兵器は、いよいよ世界的な流行となってくるだろう。このような軍事的トレンドと政治的・経済的理由の中で、ハイテク軍用機やミサイルの大量販売がアジアで可能となった。

こんな背景のもと、各兵器メーカーが必死のビジネスを展開しているのである。いうまでもなく、ハイテク兵器はエレクトロニクスの塊で、現在のところ日本を除くアジア各国には、ハード・ソフトとも全く手の届かない高度技術の枠だ。

しかも価格が高い。たとえば、日本が購入する早期警戒管制機（ＡＷＡＣＳ）は一機五七〇億円、Ｆ15戦闘機は一機一三〇億円もする。アジア各国が導入するＦ16戦闘機でも、日本円で一〇〇億円は下らない。つまり、メーカーにとってハイテク兵器は、売り上げの大きい利益率の高い商品なのである。だからこそ、シンガポールの航空ショーでは各メーカーが必死の売込みをかけていたのだ。

では買い手のアジア諸国は、どのような行動をとったのか。

ハイテク兵器導入の口火を切ったのは中国だ。一九九二年、中国はスホーイ27をはじめて導入し二四機が配備された。このことが引き金となって、アジア諸国のハイテク兵器あさりがはじまったのだ。

その背景には、スプラトリー諸島を巡る各国の領有権争いがあった。

ベトナム、フィリピン、マレーシアの、ほぼ中間に位置するスプラトリー諸島は、四〇〇を越える島や岩礁から成り立っている。

一九九五年二月二十三日発売の『ファー・イースタン・エコノミック・レビュー』誌によると、この諸島がある大陸棚には、一〇億トン（一二六〇億ドル＝約一三兆二三〇〇億円）にのぼる、天然ガスや原油が埋蔵されているという。

現在、このスプラトリー諸島に対し、中国、台湾、フィリピン、マレーシア、ベトナム、ブルネイの六カ国が領有権を主張している。

中国では、諸島全域が広東省に所属していると強硬に主張し、同じく強硬なベトナムと激しく対立している。両国は一九八〇年代には軍事衝突まで起こしている。また中国は、フィリピンとの対立も深め、双方ともに漁船などの拿捕が相次いでいる。

こうした状況の中、一九九二年にはアメリカ軍が、フィリピンのスービック海軍基地とクラークフィールド空軍基地から相次いで撤退した。その軍事的空白を衝くかのように、中国がスホーイ27を導入したのだ。

東南アジア諸国から見れば、この中国の動きはスプラトリー諸島の領有権問題に対する強力な軍事的圧力と映る。だから、中国を上回るハイテク兵器を、各国が競って揃えようとするのだ。

中国のスホーイ導入にすばやく反応してマレーシアが、一九九三年にロシアからミグ29戦闘機を十八機、アメリカからF／A18戦闘攻撃機八機の導入を決定した。このマレーシアに対抗したのがシンガポールだ。おりしもシンガポールはイラクのクウェート侵略に同じ小国としてのショックを受け、湾岸戦争以降、軍事予算を増やし続けていた。隣国マレーシアの空軍力増強に対してシンガポールは、アメリカの最新鋭戦闘機F16C一一機を購入し、F／A18も導入した。

これにあせったのがASEANの大国を自任するタイだ。東南アジア初の航空母艦をスペインから購入し、同時に空母に搭載する垂直離着陸戦闘機ハリアー一〇機を購入した。アメリカからは対潜水艦ヘリコプター、シー・ホーク六機を導入、更にはF／A18戦闘攻撃機を導入する。

さらには、このタイに対抗して、インドネシアがホーク戦闘機二四機をイギリスから購入する。それに加えて潜水艦を三隻から五隻に増強。旧東ドイツ海軍に所属していたコルベット艦一六隻を購入した。

ASEAN諸国で唯一、経済の浮上が見られなかったフィリピンですら、一九九五年二月に、軍の近代化一五年計画法を通過させ、その総費用は三一五〇億ペソ（当時のレートで約一兆五〇〇〇億円）に達する。

フィリピンはこの予算でフ、ランスからミラージュ戦闘機や、哨戒艇を購入する協定を結び、アメリカからは対地支援戦闘機を二二機、ヒューズ500ヘリコプター二六機を購入。中国と激しく対立するベトナムでは、ミグ21と23を一〇〇機以上、スホーイ22を四〇機、さらにはスホーイ27を六機導入した。

台湾では、総統選挙などを巡って中国軍から軍事的圧力をかけられ、ミラージュ2000とF16合わせて二一〇機、加えて潜水艦、軽空母などを購入した。

このように、一九九二年に中国がスホーイ27を導入したことをきっかけに、ドミノ倒しのようにアジアの各国が軍拡競争になだれ込んでいる。

それに伴って、武器取引に絡む不正も多発している。

一九九六年、台湾で武器輸入にまつわる疑惑が持ち上がり、現役軍人の自殺事件が起きた、同じく、インドネシアでも旧東ドイツから購入したコルベット艦に対する疑惑を、報道した『ア・テンポ』誌が発行禁止処分を受け、学生の間で反対デモ起こった。このデモ隊に軍が発砲し、それがきっかけとなって自由化をを求める市民運動が起こり、ついにはスハルト政権崩壊に至ったのである。

アメリカ司法省によると、武器取引にまつわる不正を認めて罰金を支払った企業は、マクダネル・ダグラス、ボーイングをはじめとして十数社におよんでいる。この軍事産業の莫大な利権を巡って、兵器を導入した各国内でも熾烈な争いが起きている。

高額の兵器を、しかも大量に購入することになった各国とも、その経費負担は重荷となったため、農産物と兵器のバーター取引という手法が編み出された。このバーター取引によって、武器取引に関してはこれまで国防省が一手に握っていたものを、農業省、商務省、外務省などが加わることとなって、利権の縄張り争いが、軍拡に拍車をかける結果になっているのだ。

軍拡が緊張を引き起こし、さらなる軍拡を招くという悪循環を起こした、その原因は、国家と密接な関係を持ち、政治的・経済的に優位に立とうとする武器輸出国と、死の商人たちのあくなき利益追求の結果であるといえる。

戦争ビジネスで莫大な利益を上げ、かつ政治的な効果を生むという側面で見れば、戦争請負会社よりも、彼らの方が遥かに大規模な影響力を持っているといえるに違いない。

第五章　現代の戦争ビジネス組織

戦場に関するすべてがビジネス

殺された四人は民間軍事会社社員だった

二〇〇四年三月三十一日午後、二台の三菱製車両が食料品を積んだコンボイを警護するためにバグダッドの西約四八キロにあるファルージャ市東部郊外の米軍基地を出発した。

この二台にはアメリカの民間警備会社ブラック・ウォーター社の社員が二人ずつ乗っていた。四人は警備会社の社員である事は間違いないが、ただの男達ではない、オハイオ州出身のジェリー・ゾフコ（三二歳）は陸軍特殊部隊の退役将校、テネシー州出身のミチェル・テイアーグ（三八歳）とスコット・ヘルヴェンストン（三八歳）、それにもう一名は海軍のエリート対テロ特殊部隊SEAL出身で、イラク暫定統治委員会のブレマー議長の警備も担当する腕っこきばかりであった。

この四人の今回のミッションはファルージャ市内で作戦行動中の二つの米軍部隊に食料を運ぶ車列を警護していく事であった。車列を警護すると言っても、彼らが搭乗している三菱車には何の防護策もとられていない、ごく普通の車両であった。

本来ならば、暑い鉄板で周りを防護し、窓やフロントのガラスは防弾ガラスを施した警護専用車を使用するべきであるのに、彼らは民間会社の社員であるため、コスト・パフォーマンスを考えれば車両の防護にも限界がある。それでも、いつもの手馴れた警護の仕事である。彼らは通常通り、淡々と仕事をこなしていた。

焼け付くような砂漠の猛暑の中、コンボイはファルージャの入り口にさしかかったところで市内中心部に向かう通りに向けてターンした。そのとたん、道路沿いにいた男達が素早く二つのグループに分かれた。男達は全員顔をスカーフで隠している。と、突然、その仲の数人がこぶし大の物を四人の男達が乗った二台の車に向けて投げつけた。その瞬間、凄まじい爆発音とともに、車のドアが吹き飛び、中から黒い煙と真赤な炎が同時に噴出したのである。男達が投げつけたのは間違いなく手投げ弾であり、彼ら四人を標的にして狙い定めたものであった。

なんの防御措置もとっていなかった三菱車は、あっけなく大破し、炎を吹きながらノー・コントロールでヨロヨロと走る。それに向かって、今度は数丁のAK47アサルト・ライフルが火を噴いた。

銃弾でガソリンタンクが打ち抜かれたのか、炎と黒煙がいっそう高く舞い上がった。この凄まじい衝撃音に周りの市民たちが一斉に立ち止まり、次の瞬間、燃え盛る車に殺到した。

そこで彼らは、車のドアから黒焦げになった死体を引きずり出した。ブスブスと肌が沸き立つように焦げてめくれ上がっている。市民たちは興奮した面持ちで死体に群がり、棒やスリッパで容赦なく殴りつけた。やがて、アメリカ人の死体は殴られた衝撃で千切れ始めた。手、足、頭、がバラバラになり、胴体も上下半分に分かれていた。

もう一つの死体は地面を引きずり回されて単なる肉塊に変化した。さらにひどかったのが、ユーフラテスの鉄橋に死体が吊るされたことだ。

死体の頚にロープをかけて、鉄橋にぶら下げ、歓声を上げつつ、石や木片、その他ありとあらゆる物を死体に投げつけたのである。後から後から歓声を上げて押し寄せる人々、現場はもう収拾がつかないほどの大混乱に陥った。

ほとんど肉塊と化したアメリカ人の死体四つはそれからしばらく経って、イラク警察の手で収容されたが、その惨状がTVカメラに収められ、全世界に流され恐怖と衝撃を与えたのである。これら一連の行為はアメリカ国民の怒りを爆発させ、直ちにアメリカ軍のファルージャ大攻撃を呼び起こした。

それが契機となって、日本人三人の人質事件へとつながっていく。

殺された四人はアメリカ・ノースカロライナ州に本社がある「ブラック・ウォーター社」

という警備会社の社員であった。

この社の警備専門要員はイラクの反米テロリストのターゲットとなっているらしく、二〇〇五年三月十二日にもヘラートで待ち伏せ攻撃に遭い二人が死亡し、一人が重傷を負っている。今回も彼らは物資を運ぶコンボイ警護の任務についていた。この時も一年前と同じように彼らが乗っていた黒のシボレー社製バンもあっけなく手投げ弾で大破している。

ブラック・ウォーター社の職種は警備会社となっているが、元アメリカ海軍の特殊部隊・SEALS出身者が集まって設立された会社である。第一線に出ている社員は全員プロ中のプロと言われる元特殊部隊員たちであったことが判明した。

それればかりか、インターネットでホームページにアクセスして見ると、この会社の売りは自前で広大な戦闘訓練施設を持ち、偵察用も含めて各種ヘリコプターも所有。訓練センターの中には街が再現されていて、そこに世界各国の軍や警備関係者が派遣されて来て、人質解放を含む各種特殊訓練を行なうことであった。

この会社自体、警備会社と言っても、日本の警備保障会社を遥かに凌ぐ規模と人員を抱えている。だが、世界中見回してみれば、これでも未だ中堅の上クラスだというから驚く。

現代の戦争にビジネスとして参加している企業は大きく言って二種類に分けられる。

一つは、軍へのサービスや、戦争後の復旧作業に従事する純粋なサービス・建設企業など。もう一つは、それらの企業を護衛し、情報収集や場合によってはテロリストの襲撃に対する、軍事的な防衛作戦を実行する役割の企業だ。

前者はアメリカのハリバートン社を筆頭に、イラクでは油田のメインテナンスや軍隊食のデリバリーサービス、物資の輸送などをやっている。後者は前述のブラック・ウォーター社のように、言わば軍の下請け的な存在で、軍事基地の警護や戦場近くに展開する企業の、護衛などを行なうのが主な役割だ。

もちろん現実にはハリバートン社のように子会社として警備会社を設立し、建設と警備の両方を行う企業もある。

大会社が子会社を作って参加

これら軍事請負会社はアメリカだけでも三五社、その他、イギリス、フランス、南アフリカ等にゼネラル・コンストラクター（元受会社）があり、下請けまで入れると全世界には三〇〇を超えるエージェントが存在していると言われている。

ここ十年、この業界に参入を図る企業が急増し、経済誌「フォーチューン」の世界ランク五〇〇社以内に入る会社が、子会社を作って参加している例も多い。

これらの企業は、中将や大将の肩書きを持つ将軍たちが退任後、スポンサーを募って会社を設立し、軍事契約を結ぶというのが最も多いのだ。

その事業内容は、作戦中の兵士たちに物資補給や、戦場での軍事訓練、作戦への助言などを国内国外問をわずにやって行こうとするものだ。したがって、ある社はかつてテロリストたちの攻撃の目標となっていた、中東の要人の警護を行ない、ある社は、空港警備の本を書き、またある企業は高級退役将校を雇い、優秀な現役兵の引き抜きに当たらせたり、学校での軍事教練教官を派遣して、次世代の兵士たちを育て上げる仕事をしている。当然のことながら、これらの民間警備会社が政府と深い関係にあるのはいうまでもないだろう。中でも、ペンタゴンが、最も深いつながりを持っている。

事実、米国防総省はアメリカからはるかに離れたアフリカや、バルカン半島諸国の軍事訓練を軍事サービス派遣企業に請け負わせており、二〇〇〇年から二〇〇二年にかけて、アメリカ政府はこれらの企業と契約を結び、元軍人たちをボスニア、ナイジェリア、マケドニア、コロンビアなどの他、世界各地のホット・ゾーンに送り込んでいた。これらの中にはよく知られた企業名がある。

例えば、ケロッグ・ブラウン・アンド・ルート社はかつて、チェイニー副大統領が重役を勤めていたハリバートン社の子会社だ。

ベトナム戦争中から盛んなヴィネル社

また、巨大軍需企業の子会社である、軍事サービス会社もある。

サウジアラビア国家警護隊の訓練を担当しているヴィネル社は、アメリカ最大級の兵器製造会社ノースロップ・グラマン社グループに属している。

この会社では二〇〇三年五月に、サウジアラビア国内で自爆テロ攻撃に遭い社員九名が死亡している。一九九五年にも同じような自爆攻撃で社員に数名の死亡者を出している。

ヴィネル社の創立は一九三一年で、創立当時はロサンゼルスの零細建設業者であった。一九七五年にニューヨーク・タイムズ紙上で公表された会社のプロフィールによると、ヴィネル社が急成長をしたのは、ロサンゼルスのフリー・ウェイシステムの建設に携わってからである。

その後、野球のメジャー球団ドジャーズのドジャー・スタジアムを建設、さらにはルーズベルト大統領のニューディール政策にまつわるダム建設など、その時代に巻き起こったアメリカ国内の大建設ブームに乗って成長した。

第二次世界大戦末期には、米軍の補給関係の仕事を請け負うようになっていた。大戦直後には、中国大陸の内戦にかかわり、中国共産党と内戦をはじめた蒋介石に、銃や弾薬などの武器を運び込む仕事に従事していたのである。

元CIAのスパイ、ウィルバー・クレーン・エベランドの回顧録によると、一九六〇年代初期には、彼はヴィネル社の副社長の肩書きを使ってアフリカや中東でスパイの仕事をしていたことを告白していた。

ヴィネル社は軍関係の仕事を飛躍的に伸ばし、沖縄、台湾、タイ、南ベトナム、パキスタンなどの空軍基地の建設に携わり、ベトナム戦争の最盛期には五〇〇〇人もの人間をベトナムに送り込んでいた。一九七五年三月の「ビレッジ・ボイス」誌によると、国防総省関係者は当時、ヴィネル社のことを「ベトナムの米軍傭兵部隊」と呼んでいたという。

さらには一九七五年当時、ヴィネル社は七七〇〇万ドルで、サウジアラビア国家警護隊の訓練を担当する契約を結んだ。この時はアメリカ議会でも、一民間会社がなぜこんな軍事契約が、サウジ政府と結べたのか問題となった。

それだけではない、一九七九年にはサウジ政権に対抗する反政府武装勢力が、メッカのグランド・モスクを占拠して立て籠もり、ヴィネル社の教官たちがモスクに出向き、サウジアラビア軍の作戦立案と指揮に参加した。訓練の任務についていたヴィネル社の社員自らが、戦闘に加わった状況証拠も見つかっていると報告されている。

この働きが評価されて、アメリカ陸軍のグリンベレー元隊員が、サウジ王家のボディー・ガードとして雇われるようになった。それ以来、陸軍のグリンベレー、海軍のシールズ(SEALS)などの特殊部隊員が大々的にリクルートされるようになったとされる。

そして一九八一年、ドナルド・レーガンアメリカ大統領が、ホメイニ革命でイランのパーレビ国王が追放されたのを受けて『サウジアラビアを第二のイランにしてはならない』と宣言して以来、ヴィネル社のサウジ政権内における役割は飛躍的に重要度を増したのである。このことからも、ヴィネル社はアメリカ政府と深いつながりを持っていることがよく分かる。

米政府と関係の深いディン・コープ社

アメリカ政府と深いつながりを持つもう一つの老舗がディン・コープ社だ。

この会社は年間売り上げ高二〇億ドルにもなる。この会社はアフガニスタンのカルザイ大統領の身辺警護をはじめ、世界各国に散らばるアメリカ国務省要人たちをガードしている。

ディン・コープ社の創立は、一九四六年トルーマン大統領の命令により、第二次世界大戦の余剰武器や軍関係の機械類を利用して、兵士たちに仕事を与えるために作られた「カリフォルニア東部航空」が基礎となっている。

その後、アメリカのミサイル開発プログラムに関与するなど、航空研究の主要な役割を担うと同時に、アメリカの戦闘機パイロットの訓練と技能維持に従事。その主要基地であるバージニア州フォート・ロッカーで航空サービスに主要な役割を果たしている。

アメリカ最大手のＭＰＲＩ

これらの軍事請負企業の中でも群を抜いて大きいのがアメリカのＭＰＲＩ（Military Professionals Resources Inc.）とイギリスのアーマー・グループだ。

ＭＰＲＩ社は元将軍を三人、佐官クラスの上級将校が数十人在籍している。

正社員は九〇〇人程度だが、いざとなれば、ごく短期間に特殊部隊員を含む元兵士一万人を集められると言われている。つまりそれだけ全世界にネット・ワークを張っているということだ。

ＭＰＲＩ社は元将軍たちの人脈をフルに使って、ペンタゴンの中に深く入り込んでいるのが最大の特徴だ。たとえば、この会社は陸軍部隊管理学校の運営に関与するとともに、駐屯地の上級訓練コースに講師を送り込むほか、軍事訓練や戦闘用のマニアル作りまでやっており、まさに米軍の正規軍を訓練している。

それだけでなく海外活動はもっと活発で、戦地を含め、多くの国で軍事訓練を行なっている。

ボスニア戦争が激しくなり、一九九一年に国連がクロアチアに武器や軍事訓練の提供を禁止する制裁処置を決定したとき、正式に軍事援助ができなくなったアメリカ政府はクロアチア軍にＭＰＲＩ社を紹介した。これを受けてＭＰＲＩは、社員を創設間もないクロアチア軍に派遣し、訓練を施し、最新鋭の戦術を教えたのである。

アメリカ軍のお墨付きとあって、ＭＰＲＩの信用は絶大で、驚いたことに、今度はクロアチアの敵国であるボスニア軍が、特にＭＰＲＩ社を指名して協力を要請したのである。この際、ボスニアのイスラム教徒民兵は、イスラム諸国から受けた協力資金を一旦アメリカ政府に預け、アメリカ政府が会社に支払うという複雑な支払方法を取ったことが明らかとなっている。

つまり、ＭＰＲＩ社は敵対する双方に、軍事的なサービスを提供してビジネスを展開し、その仲介にアメリカ政府が一役買ったという構図で、このことでＭＰＲＩの名前は一気に知れ渡った。

その後は、一二〇人にものぼるアフリカ各国の指導者の警護訓練や、五五〇〇以上の部隊に対する訓練、それに赤道ギニアでは油田のある沿岸の警備計画を立て、ゲリラに対して絶大な効果を挙げている。

このように見てくるとＭＰＲＩ社はカネの匂いがする所なら何処でも駆けつける、まさに戦場の犬のような存在だと言えるだろう。

ＭＰＲＩと並ぶ規模の民間軍事会社、イギリスのアーマー・グループで、国連のＰＫＯ活動そのものをソックリ請け負うことを最大の企業目標とし、国連要人に対して活発な営業活動をしているという。

この他、世界の主だった民間軍事会社を挙げてみると、南アフリカのエグゼクティブ・アウトカム社が有名だ。

この会社は軍事訓練だけではなく、直接戦闘に参加。熟練戦闘機パイロットも派遣でき、アンゴラ内戦では反政府軍を鎮圧し、シェラレオネでは不安定だった治安を回復するのに多大な寄与をしたことで知られている。

コンゴ、アンゴラでの大使館警護に当たっている、イギリスのＭＳＩ（Defense Systems Ltd)。カメルーン、レバノンで用心警護についているフランスのSecrets社、コンゴ共和国内戦でリスバ前大統領派の民兵を訓練したイスラエルのLevadan社などがある。

これらの民間軍事会社（ＰＭＣ＝Private Military Company）の内、一体何社が最大のマーケットであるイラクに集まっているのだろうか？

日本人傭兵の斉藤昭彦さん死亡事件から、各マスコミではＰＭＣについて、さまざまな情報が洪水のようにあふれ出たが、その多くはＰＭＣの存在自体の解明に終始し、冷静に企業数や斉藤さんのように死亡した人の数や国籍、会社名、死亡原因について調査したものは見当たらなかった。

ハート・セキュリティ社の業務

斉藤さんが籍を置いた、ハート・セキュリティ社はそのホームページ、その他の資料によると、設立は一九九七年七月。設立者は元ＳＡＳ将校のリチャード・ベッチェル氏である。

その後、一九九九年ベッチェル氏の父親であるイギリス貴族リチャード・ウェストバリー卿の下で、現在の会社となった。

この会社の業務に携わるのは、主にSAS出身の特殊技能を持った元兵士たちだ。この会社の特徴は港湾施設の警護に、特殊なノウハウを持っており、会社のホームページではこの点を強調している。

このノウハウを活用して、極東ロシアのサハリン島の警備プログラムも立てている。米国同時多発テロ以降、テロリスト対策や対テロ作戦プログラム、テロ対策訓練などの需要が急増し、イラクではBBCなどのマスコミ取材チーム警護とエスコート、補給路線の警護などが主な事業だ。

エーゲ海のキプロス島に本社を置き、ロンドン、モスクワ、ニューヨーク、バグダッド、メキシコ、アジアではシンガポールなどに事務所があり、世界中に人材を求めるリクルートの網を張ると同時に、その地域の要望に応える、きめ細やかなサービスを売り物としている。ハート社が堂々と「BBCなどマスコミの、イラク取材のコーディネイトならびにエスコート」を会社の実績として挙げていることからすれば、日本のTV局をはじめ報道各社も武装警備会社を雇い、エスコートさせているはずだ。

にもかかわらず、初めてこんな会社があるのを知ったような報道を続けているのである。

私は、大学時代の友人や知り合いの伝《つて》をたどって、日本有数の商事会社や、マスコミ、著外資系企業などの重役に、彼らが当然接触しているであろうＰＭＣの情報を訊いてみたが、「気の毒だがいくら君でもその件については、話すわけにはいかない」という答えばかりであった。

日本国内では目的が達せられないと考え、学会や大学関係者の協力を仰ぎ、さまざまの学者や研究者と連絡を取る努力を重ねた。その結果イギリス・オックスフォード在住の平和運動家アントニー・テルフォード・モア博士から貴重な資料の紹介を受けたのである。

博士が送ってくれた資料は「英米安全保障情報委員会」（ＢＡＳＩＣ＝British American Security Information Council）が二〇〇四年九月に発表した調査報告書だ。

この報告書は「一握りの契約者集団：イラクに於ける民間軍事会社の実際的評価事例」と題され、イラクでの民間軍事会社数からその契約内容、契約金、事業遂行中に死亡した社員数や、その死因に付いてまで、詳細に調べ上げたものである。

ＢＡＳＩＣは政府の政策分析を行ない、防衛、軍縮、軍事戦略や核政策を社会に知らしめ、知的論議を育むことを目的とした、英米両国にまたがる独立研究機関で、資金の提供者にはロックフェラー財団も名前を連ねており、委員会の主要メンバーには英米の著名な国際関係論、国際政治、安全保障などの大学教授、学者、ジャーナリストなどが入っている。

この報告書によると二〇〇四年九月現在、イラクに入り込んでいる企業は確認できただけでも六六社、その他弱小会社や、オプションで短期間契約の会社などを入れると企業数は常時一〇〇社を優に超える状態であるようだ。当然のことながら、MPRI社やブラック・ウォーター社、ハート・セキュリティ社など、マスコミで取り上げられる企業は契約数、社員数共に多いが、ほとんど名が知られていない会社も多い。

また、意外にも韓国の会社などがリストの中でとり上げられていたのである。これらを含めてイラクで事業を行っている特徴的な会社をアルファベット順に上げてみる。

●ADコンサルタンシー
本部　イギリス　サットン市
主たる事業　企業等のリスクや危険度の査定の他、イラクで活動する団体の警護・個人のボディーガード。イラク国内の旅行案内および警護、ガス・石油施設の警護

●AKEリミテッド
本部＝イギリス　ヘレフォード市

主たる事業＝危機管理の専門家の派遣。社員は武装警護サービスだけではなく、敵地における政治、危機管理、情報などの訓練および文化に対する仮説、危機管理のデータベース開示、諜報活動などを専門としている者たちである。世界で最も厳しいとされるイギリスの空軍特殊部隊ＳＡＳ（Special Air Service）で訓練を受けたオーストラリア人一三名が雇われてイラクに滞在していると思われる。

●アーマー・グループ

本部＝イギリス　ロンドン市

主たる事業＝モスル、バグダッド、バスラなど第一線戦闘地域の他、イラク全土に展開している米英軍やその施設の安全管理、危機管理戦略を立案。具体的にはバクダッドにある軍総司令部の警護、さらにはハリバートン社、ビッチェル社などが請け負っている軍需物資や軍用食料運搬車列の警護作戦の運用と実施に携わっている。アーマー・グループはイギリス最大級の民間軍事会社でニューヨーク証券取引所の会員でもある。

●ブラックハート・インターナショナルLLC
本部＝アメリカ　ペンシルベニア州
主たる事業＝この会社は若くて積極的な女性がオーナーを勤め、一九九九年から事業を始めた新しい会社である。物資の調達、安全管理、軍事訓練、ボディーガードなどのサービスをイラクで行なっているが、その契約の大部分はかつて軍や警察の特殊作戦部隊で軍事訓練を受けたスペシャリストたちが請け負っている。

●CACI
本部＝イギリス　ロンドン市
主たる事業＝この社は総額一億二五〇〇万ドルでアメリカ海軍に対する長距離補給サービスを請け負っている。しかし、イラクにおいて最も有名となった事業は、陸軍と結んだ契約に基づいてバグダッド郊外にあるアブグレイブ刑務所への尋問官派遣である。アブグレイブ刑務所ではイラク人囚人の虐待問題が世界中に報道されたが、この派遣契約は二〇〇三年八月に一九九〇万ドルで結ばれた一年契約であった。虐待に加わったとされる派遣社員には何も無かったが、アメリカ陸軍の兵士は軍法会議にかけられて有罪となった。このことが後にも大きく採り上げられて、軍に協力する民間軍事会社の法的問題が取りざたされることとなったのである。

●センチュリアン・リスク・アセスメント・サービス

本部＝イギリス　アンドバー市

主たる事業＝主に、イラクに来るNGO団体、国際機関、人道支援ボランティアグループ、ビジネスマン、マスコミ各社の取材メンバーたちへの物心両面の支援を行なっている。特に、過酷な環境の危険地帯に入り込む者たちの警護サービスを提供。

●コチイズ・コンサルタンシーInc

本部＝アメリカ　フロリダ州

主たる事業＝元特殊作戦司令官、イラク戦争での砂漠の盾・砂漠の嵐作戦の中央司令官ジェシー・L・ジョンソン氏が最高経営責任者を勤める会社で、イラクでビジネスを展開するアメリカの大企業やVIPの警護に従事している。

●コントロール・リスク社
本部＝イギリス　ロンドン市
主たる業務＝イラクを訪問する各国政府関係者、駐イラク日本大使館を含む各国政府機関、イラク復興支援従事者、ビジネスマン、などのを警護する武装ガードマン派遣。元イギリス空軍特殊部隊SAS司令官であり、ボスニア派遣国連警護軍指揮官であったサー・ミッチェル・ローズ氏を重役に迎えており、イラクでは五〇〇人を越える元イギリス軍関係者が中心となって作戦に従事。特にSAS出身のエリートたちの活動が評価されている。

●DTSセキュリティーLLC
この会社の存在は二〇〇四年九月、三人の従業員がイラクで武装勢力に拉致されたことで明らかになった。しかし、ネバダ州政府が受け付けた会社設立文書によると、この会社の本部はネバダ州にあるレイク・タホの南岸ダグラス・カウンティ保安官分署の隣にあることになっていたが、実際にはバーガーキング・レストランの裏手にあるコンビニに設置されている郵便箱であった。このような事実から、この会社の存在そのものがいかがわしい。今後、この種のいかがわしい会社が、イラクでのビッグ・ビジネスを求めて次々と設立される可能性が高いだろうし、事態が進化するに連れて、その実態が明らかにされてくるだろう。

●エリニス・ミドルイースト
本部＝アラブ首長国連邦　ドバイ市
主たる事業＝この会社は海外にいる亡命イラク人とイラク在住者からなる一万四〇〇〇人に登るイラク人警護人を雇い、数十名の南アフリカ軍及びイギリス軍元兵士の指揮下でイラク国内の重要石油施設を警護する一億ドルのジョイント契約事業の一部を担っている。

●グローバル・リスク・ストラテジーズLTD
本部＝イギリス　ロンドン市
主たる事業＝この会社はイラク戦争後、イラク国内でアメリカ政府及び国連、さらにはイラク復興事業に携わる主要企業の警護を主に行なっている。そのためにこの会社は一五〇〇人の武装したガードマンを雇用しており、その中にはイギリス陸軍のグルカ兵部隊元メンバー五〇〇人以上が加わっていると見られている。

●グローバル・セキュリティー・ソース
本部＝アメリカ　コロラド州
主たる事業＝この会社の社員三〇〇人がイラクのアメリカ大使館の警護に付いていることは公にされている。この会社のもう一つの重要な事業はイラクで警護の仕事を求めている人材を世界中から募り、イラクでビジネスを展開している企業に警備要員を斡旋する人的資源のブローカー業である。

●ICPグループLTD
本部＝イギリス　ロンドン市
主たる事業＝一九九一年の砂漠の嵐作戦から事業に携わっている老舗。世界各国の大企業、NGO、政府機関を警護している。警備部門の社員はイギリス、アメリカの特殊部隊出身者または特別に優れた軍事技術の体得者に限定されている。その他警護用品サービス、補給活動、通信業務などが主な事業となっている。

●メテオリック・タクチカル・ソルーションズ

本部＝南アフリカ　プレトリア州

主たる事業＝要人の警護、危機管理など、通常の警護事業も行なうが、この会社の特徴は組織に対する特別訓練プログラムを対象に応じて作成し、実行して行くところにある。アメリカ国防総省契約管理局はこの会社とセキュリティ・アドバイスおよびそのプランニングに対する契約を五九万九三八三ドルで結び、新生イラク警察の警護部隊訓練を行なっている。

●ニュー・コリア・トータル・サービス

本部＝大韓民国　ソウル市

主たる事業＝このリストに載った中で、アジアに本拠を置く唯一の企業。イラクに進出した国際企業の警護活動のためにボディ・ガード一〇〇名を送り込んでいる。

その他、長年軍や政府の情報関係の部署にいて、個人として独立し、世界的に名を上げているカリスマ傭兵もいる。中でもスミス・コンサルティング・グループを創設し、その社長として収まっているジミー・スミスが有名だ。彼は十四年近く情報作戦畑で仕事をこなし、先の湾岸戦争の「砂漠の盾作戦」の功績で中央情報局（ＣＩＡ）から勲章をもらうほどの際立った働きを見せている。スミスはハーバード・ロウ・スクールで国際法学び、学位も取得。

各法執行機関の火器取り扱い指導員、セキュリティー・ドライビング、身辺警護、対テロ戦術作成のインストラクターを勤め、全米企業警備協会、退役情報部員協会などの中心的メンバーであり、アメリカ海軍対テロ戦闘技術開発プログラムの責任者としても有名である。彼はまた、前述したアメリカの警備会社「ブラック・ウォーター社」の副社長を務め、アメリカ政府の海外の秘密作戦支援部門を設立。ブラック・ウォーター社がイラクでの軍事作戦に深くコミットする道を開いた。

もう一人の有名傭兵としてはウェス・ドスの名前が挙げられるだろう。彼は火器及び防御戦術能力の高さと実戦経験の豊富さで国際的に認知されている。ドスは一八年以上にわたって犯罪に対して武力制圧の方法を訓練した経験を持つ。と同時に、軍、民間を問わず、数々の重要な警備作戦を経験してきた。彼はまた、アメリカ陸軍や、海兵隊、その他数々の軍学校で特殊軍事教練教官の資格を与えられている。それに、二五年にわたってマーシャルアーツを教えており、格闘技にも優れた実績を残しており、テロリストとの接近戦に長じているのだ。さらには長年の犯罪研究で法務省から犯罪学修士の学位も受けている。二〇〇二年には「Train to Win（勝利への鍛錬）」という、危機状態に対する対処の仕方と訓練方法を著した本を出版している。

スティーブ・マットーンは、世界で最も進んだ爆発物処理の専門家として認知されている男。彼は三五年以上に亘る爆発物処理の経験を持ち、二五年に至るアメリカ陸軍空挺部隊とレインジャー部隊での特殊作戦の経験を持っている。この経験を生かして、マットーンは全世界の警察や軍隊を訓練し、SWATなど警察の特殊部隊用の爆発物処理、および特殊作戦のマニュアルを数多く書いている。

情報専門のジミー・スミス、マーシャルアーツの達人ウェス・ドス、爆発物処理の世界的権威スティーブ・マットーンなど、有名な傭兵訓練者のところには世界中から傭兵志望者や正規軍、警察などが学びに来ている。彼らの弟子たちが現在世界中に散らばり、さらには効率よい仕事場であるイラクに集まってきている。国籍の違うかつての仲間がイラクの戦場でともに戦う事態もあり得るだろう。

収益率が魅力の戦争ビジネス

民間軍事産業は一〇〇〇億ドル産業

ニューヨーク・タイムズなどの取材によれば、軍事請負会社の市場規模は全世界でおよそ一〇〇〇億ドル（約一〇兆円・二〇〇四年換算、以下同）にのぼるという。

先に挙げた最大手の会社の一つであるMPRI社の年間利益は、ペンタゴンと国務省と契約した分だけでも日本円に直して約一二〇億円。会社はナイジェリア、ボスニア、サウジアラビア、台湾、クロアチアなどの軍隊の軍事訓練サービスも手広く提供しているので、会社全体での売り上げを考えると一兆円近くには楽々とどくといわれており、株もニューヨーク証券取引所に上場している。

この会社の創業者は、二〇〇〇年七月に、自分の持ち株を別の軍事サービス会社に売り、四八億円の現金を手にしたと言うから、MPRI社が経営的には如何に優良であるかが分かるだろう。

現在の彼らの稼ぎ場所は、なんと言ってもイラク。米軍関係だけに絞っても、イラクに駐留している正規兵は一三万人だが、それをサポートする民間軍事会社の社員は二万人を超えている。その費用たるや、アメリカ政府がイラク復興事業用に用意していた、一八〇億ドル（二兆一六〇〇億円）の二五パーセントに当たる五四〇〇億円が、開戦以来今日まで使われているとされる。

収入が多いのは会社だけではない。通常の職員でも軍隊時代の二から三倍の給料は約束されている。

たとえば、アメリカ軍の給料は職種や階級によっても違うが、イラクなどの危険地域に行っても、公務員だから危険手当込みでせいぜい四万から五万ドルというのが平均年収（日本円にして四五〇万から五六〇万円程度）である。

しかし、民間の傭兵会社でイラクに派遣されれば、その能力に応じて、危険地手当て付きで日当は五〇〇ドル～一五〇〇ドル。年収は単純計算で一八〇〇万から五六〇〇万円クラスとなるから、この金額なら少々危険を冒しても、老後のため、軍を辞めて最後の一稼ぎを狙ってもおかしくはない。

イラクにいる民間軍事会社社員は、ほとんどが三十代後半から四十歳代の男盛りのベテラン戦闘員だ。それも武器、戦略、爆発物、格闘技などを、特殊部隊でみっちり仕込んだ教官クラスばかりが、アメリカだけではなく、世界中から集まって来ている。

かつては、敵同士だった元米陸軍特殊部隊グリンベレーと、ソ連陸軍特殊部隊スペツナズが協力して戦っている例もあるといわれている。

彼らの能力はその戦闘能力のみにあるのではなく、情報収集や諜報活動、心理戦などの専門家も多数含まれていることでも高く評価されている。これら専門家は捕虜収容所や刑務所に派遣されて、アルカイダやイラク軍捕虜たちの、尋問に当たっていたことが明らかになっている。

ここまで来ると現役の兵士は、一体何をやっているのかわからなくなってくる。それでもアメリカ政府はますます傭兵の需要を増やす方向に進んでおり、二〇〇四年四月の時点で、一億ドル以上の契約を結ぶために、広告を出し、バグダッドの米軍中枢施設を警護するために、契約をする会社を公募しているのだ。

なぜこれほどまでにしてアメリカ軍は戦争をアウト・ソーシングしたいのか。その最大の理由は冷戦崩壊後、とりわけ、九・一一以降の防衛政策に深くかかわっていたのである。

対テロ戦争で孤立するアメリカ軍と傭兵の関係

傭兵を大量に使った戦争は、フランス革命が起きた十八世紀の終わりごろには幕を閉じ、国民自らが兵士となる国民軍に取って替わられた。

その後、ヨーロッパ列強が、アジアやアフリカ、アメリカなどを植民地化していく過程で現地の戦士たちを雇って、植民地管理に当たらせたが、その中でも有名なのが、イギリス軍に編入されているネパールのグルカ兵だ。

第二次大戦後、東西の冷戦が始まり、傭兵部隊の活躍する場はほとんど無くなった。

しかし、冷戦が終了するとアフリカや中東、東ヨーロッパなどで小規模な局地紛争が増えたことで傭兵の需要が高まったのだ。逆に冷戦時代には花形であった特殊部隊の存在は、ハイテク武器の発展と人員削減の中で、ますます軽いものになってきた。

特殊部隊員たちは、若い頃からさまざまな専門技術を身に付け、肉体もギリギリの状態にまで鍛え上げているから、実にもったいない状態であったのだ。

そこに起こったのが、九・一一の米国内同時多発テロ。アフガン、イラクと続く対テロ戦争が、彼らにうってつけの活躍場所となった。

元特殊部隊員が、本格的に傭兵会社と関わりを持つようになったのは、一九七〇年代の半ばで、グリーンベレーの中隊長が除隊後、任務地であったサウジアラビアの王族警護の仕事に着いたのが最初だとされている。

その後、パレスチナ問題や、アフリカの内紛などに関わりを持ち、新興独立国家の軍隊を訓練するという大規模なものになって行った。

傭兵会社が提供する、軍事サービスの質が高いこともあるが、政府にとって都合の良いことは、彼らがあくまでも民間人であることだ。

民間人なら基本的には軍規に触れることがなく、自由に戦闘行為が出来るし、政治的に正規軍が動くと大問題になる場合など、カネで手っ取り早く解決できるなどのメリットが大きい。

それに軍が動くとなれば莫大《ばくだい》な費用がかかるが、傭兵会社の社員なら列を組んで行進する必要もなく、経済的にも安上がりだ。そして何よりも政府にとって好都合なのは、戦死の問題がないからである。

傭兵部隊は人目につかないところで活動するので、正規軍の兵士が死体袋で帰国したなら大きく撮り上げるであろうマスコミの注目を集める恐れもない。万一、マスコミに気付かれても、軍服を着ていないので否定するのは簡単だ。

特に、アメリカ軍にとっては九・一一以降はじめたアフガン、イラクでの対テロ戦争ではドイツ、フランス、ロシア、中国など、大国の支持が得られず、この戦争に協力している諸国は三〇カ国以上ではあるが、大作戦を遂行出来るほどの軍隊を派遣しているのは、アメリカ以外ではイギリス軍だけというのが実情だ。

アメリカの非営利政治研究組織「グローバル・セキュリティー」がまとめた「軍団はどこに？地球規模の米軍配置」という調査報告書によると、アメリカは現在、世界中の一三〇カ国に兵士を駐留させている。その一部は戦闘や平和維持活動に従事したり、外国軍の訓練に当たっている。確かに、アメリカは第二次世界大戦の終結以降、ドイツや日本の占領、朝鮮戦争、ベトナム戦争など、旧ソ連との冷戦を戦い抜くため、海外で強力な軍事関係を維持し続けて来た。

冷戦後はその負担から開放されると考えられたが、現実にそうはならなかったのである。今は国際テロ組織アル・カイダとの戦いがある。イラクとの戦闘、それに続くゲリラ攻撃、リベリア内戦、アフガニスタン国内の動揺、フィリピン軍とのイスラムテロ組織掃討作戦、さらには不安定な朝鮮半島情勢に対応し、日本を安心させるため、西太平洋に米軍の強力なプレゼンスを維持する必要がある。

これらの情勢を見ると、全世界に展開しているアメリカ軍を削減する事は困難で、むしろ増強が当面の急務となっている。

先の「グローバル・セキュリティー」の報告書で引用した公式統計によれば、二〇〇三年九月現在、米陸軍には一五五の戦闘大隊がある。そのうち実戦に従事している大隊は二〇〇一年十月以前には一七に過ぎなかったが、二〇〇三年九月の時点で実戦地域に配備されている戦闘大隊の数は九八にものぼっている。

この数字を維持するために、アメリカは二五万五〇〇〇人の陸・海・空・海兵隊・沿岸警備隊員に加えて一三万六〇〇〇人の州兵と陸軍予備役まで動員し、海外での戦闘や平和維持に当てざるを得ない状況なのだ。

さらには、イラク駐留長期化によって、米軍は厳しいローテーションを強いられている。二〇〇三年春に、沖縄駐留海兵隊やアメリカ本土で沖縄派遣のために待機していた部隊を含め、三個歩兵大隊がイラクに派遣された。その後、第三一海兵遠征隊二二〇〇人がイラクに派遣されたため、沖縄にはアメリカ軍の地上戦闘部隊不在の状況が、二〇〇五年三月下旬まで続いていたのである。

アメリカ政府はこのような現状に照らし合わせて、同盟諸国の政府に対して、イラクやアフガンに兵を送るように圧力をかけているが、実際に補給能力を備えた重量級の地上軍を派遣しているのはイギリスだけである。

このように孤立した状態のアメリカ軍にとっては、傭兵の存在は必然的に重要度を増して来たのだ。その事を裏付けるような事件がイラクで起きた。

二〇〇四年四月六日付けの米紙「ワシントン・ポスト」によると、イラク中部のナジャフで四月四日、アメリカ軍に雇われていた民間軍事会社、ブラック・ウォーター社警備要員八人が数百人の過激派民兵と交戦し、連合国暫定当局（ＣＰＡ）現地本部を守った。この日、シーア派の反米指導者ムクタダ・サドル師の、支持者と見られる数百人の武装集団が建物を包囲。ブラック・ウォーター社員八名と米軍の憲兵四人、米海兵隊員一人が中に取り残された。

武装勢力側がロケット砲や小銃で激しい攻撃を加えたのに対し、警備員らも屋上から小火器で応戦。その間に応援のアメリカ軍特殊部隊が到着し、ＣＰＡ現地本部は陥落を免れた。ワシントン・ポスト紙によると、このブラック・ウォーター社はイラクに約四五〇人派遣しているという。

このような傾向を助長するのが、アメリカ政府の財政政策と世界戦略の転換である。ブッシュ政権の財政政策は、基本的には共和党の伝統的政策である減税政策を基本としており、多額な国家予算を必要とする軍拡路線にはそぐわないのだ。

さらに言えば、二〇〇一年九月十一日を起点として、ブッシュ政権は冷戦構造崩壊以降の世界認識の中心に「世界テロ組織との対決」というコンセプトを据え、ソ連との軍事対決を想定したこれまでの重厚長大な軍事戦略を転換し、より機動力と柔軟性を持った軍編成を必要としているのである。

この戦略に沿ってラムズフェルド国防長官は「米軍は二四パーセントもの過剰がある」と語り、アメリカ領内で閉鎖可能な基地を査定し、選定する作業に取り掛かっている。ブッシュ大統領もソ連の脅威が無くなったことで、ヨーロッパの安全保障関係の激変を受けて「十年間で海外駐留米軍七万、軍属一〇万人の削減」を打ち出した。

この結果、アメリカ軍のリストラは基地の削減のみに留まらず、警備、調理、病院運営など、戦闘に直接かかわりのない兵員の大幅削減に繋がったのである。

国防総省は現在四〇〇〇種にも及ぶ軍の職種を見直し、直接戦闘に関係ない職種を大幅に見直して、兵士でなくとも出来る業務を洗い出す作業に着手している。とりあえず、二〇〇三年秋以降に八〇〇〇人分の業務を外部委託し、二〇〇五年秋までに更に二万四〇〇〇人分の業務を軍の任務から外し、外部業者に任せる計画だ。

国防総省は、このぶん戦闘員として使えるアメリカ兵が増え、イラク戦争後に常態化した戦闘員不足が補えるとしているのである。このようなアメリカ軍のスリム化、機動化、迅速展開を指向する、ブッシュ政権の世界的な米軍再編成政策は軍事請負企業ならびに、傭兵請け負い業者の市場拡大に寄与することはいうまでもないだろう。

イラクにおいて、傭兵が必要とするのはアメリカ軍や、米国の企業だけではない。戦後の復興を狙って、自国の利益を確保しようとする各国が、バグダッドなどのイラク国内に政府機関を置き、さまざまな情報活動を行なっている。

イラク戦争そのものに反対しているフランスも、大使館に外交官を置いており、その警備にGIGNという憲兵隊の特殊部隊を派遣しているが、その中には多数の傭兵が混じっていると言われている。

しかし、フランスのように、自前で警備できる国はさほど問題はないが、日本のように立派な軍隊があっても、憲法上の規定で、一度も実戦を経験していない国や、警備や戦闘のノウ・ハウを持たない小国には、民間人である政府職員の安全を確保する方法が無い。そこで、民間の傭兵会社と契約を結ぶこととなる。

たとえばスイスの場合、バグダッドにある大使館を閉鎖せずに館員を配置し、その存在感をアピールしているが、自国の警察や軍隊に、それほど危険な地域で活動が出来るような訓練を受けた人員がいない。

かつてはヨーロッパ随一の傭兵輸出国スイスの面影は、いまや無くなってしまったのである。さらに言えば、警護活動に特化した特殊部隊を要請中ではあるが、永世中立を国是としているスイスでは、海外派兵には大きな障害があった。そこで政府は南アフリカのメテオテック・タクティカル・ソリューションズ（MTS）社と年間一六〇万スイスフランに及ぶ契約を結ぶこととなった。

しかし、この会社は反傭兵法を擁する、南アフリカ政府の調査対象になっているような民間軍事会社で、その上、この会社の重役二人が石油がらみで、赤道ギニアの大統領に対するクーデター未遂で告発され、六五名の南アフリカ人とともに、ジンバブエの拘置所に入れられていたのである。スイス国内では、外務省がこんないわく付きの会社を雇ったことで、政治問題に発展したのである。

本当にあった政府転覆計画

現代傭兵団の実力

民間軍事会社を使うことで重大な問題も起こっている。

たとえば、ディン・コープ社の場合では、二〇〇一年、この会社に関する二件の内部告発があり、同社が武器の保守サービスを請け負っていた、ボスニアでその従業員が売春目的の人身売買を行っていたことが発覚した。

しかし、軍人でないため、軍規に基づいて裁かれることは無く、現地の法の適用も受けず、会社から解雇されるだけで帰国した。

この事件では、後に内部告発者が解雇されている。

さらにディン・コープ社は、アメリカ政府がコロンビアなど、南米の麻薬生産国からの航空機による密輸を取り締まる仕事を請け負っているが、この仕事に携わっているコロンビア人二名が死亡していたのだ。アメリカ議会は軍事請負会社の使用を制限しているため、ディン・コープ社は、現地の人を社員として雇用し、規制から逃れる方法をとっていたことが発覚したのである。

二〇〇四年八月二十五日、イギリスの元首相サッチャー女史の長男マーク・サッチャーが南アフリカ検察特捜部に逮捕された。その容疑は赤道ギニアでのクーデター関与であった。

赤道ギニアは、一九九五年ギニア湾で大規模な海底油田が確認され、その開発をめぐって国際石油資本が進出。その政争が海外に波及した。この政争にはアメリカの石油資本が深くかかわり合っているといわれている。

ヌゲマ大統領は一九七九年にクーデターで、おじのマシアス大統領の政権を倒して以来、側近を出身部族のエサングイ族で固め、拷問や処刑を多用した恐怖政治を敷いている。

アメリカ系石油資本は、大統領に多額の資金を提供しており、二〇〇四年七月、米議会に提出された報告書では、ヌゲマ大統領夫妻がアメリカの銀行に一三〇万ドルを保有していることが明記されている。

これに対抗する反ヌゲマ勢力は、二〇〇三年に旧宗主国であるスペインで亡命政権を樹立。赤道ギニア国内では、反ヌゲマ勢力のクーデターが盛んに摘発される状況となったのである。マーク・サッチャー容疑者の、関与が指摘されているクーデター計画は、二〇〇四年三月に発覚したものだ。

発覚のきっかけは、ジンバブエ当局がイギリス特殊空挺部隊（SAS）の、元隊員サイモン・マンをクーデター容疑で逮捕し、その後、赤道ギニア当局が、国内に潜んでいた外国人傭兵をイモづる式に逮捕したことである。

マン容疑者は軍事顧問会社メテオリック・タクティカル・ソリューション（MTS）を経営し、一九九〇年代には、傭兵をアンゴラやシエラレオネなどに送り込み、アフリカの紛争で稼いできた人物であった。

南アフリカ当局によれば、サッチャー容疑者はクーデター計画に、約二七万五〇〇〇ドルの資金提供をしたという。マン容疑者とはケープタウンの高級住宅街で、近隣に住む間柄で親交があったというのだ。クーデターの真偽はともかく、この事件の発覚は石油利権をめぐって、傭兵たちがうごめいていることを示している。

アフリカでは、さまざまの傭兵たちが活動してきた歴史がある。この事件にも南アフリカに、かつて存在した特殊部隊の隊員たちがクーデター計画の実行部隊として、深くかかわっていたと指摘されている。

南アフリカでは、黒人政権が誕生したあおりで、職を失った精鋭部隊の元隊員たちが高額な海外の仕事を求めていたのだ。

南アフリカの特殊部隊といえば、一九七〇年代の後半から八〇年代にかけて、白人政権がアンゴラの黒人らを集めて組織した「三二部隊」が有名だ。正規軍には入らないこの部隊はゲリラ戦を得意とし、アンゴラの共産主義勢力と戦い、南ア本国では白人政権の下で、アフリカ民族会議（ＡＮＣ）を弾圧してきた。

一九九三年の政変以来、失業した元隊員たちは、国内で警備員となるケースが多いが、その実戦経験が買われて、海外での傭兵の仕事も増加した。警備員の月給は平均一〇〇〇ランド（約一万八〇〇〇円）だが、海外で傭兵となって要人の身辺警護や鉱山警備の仕事につけば、月給は五〇〇〇ドル（約五五万円）前後に跳ね上がる。

それでも、欧米の民間軍事会社と契約するよりも二割〜四割は安というのだ。したがって、欧米の傭兵会社が、元三二部隊員を雇ってイラクに派遣することも多い。

赤道ギニアとジンバブエでは、外国人計八五人がクーデター計画に関与した疑いで逮捕され、実行部隊としてジンバブエで拘束された六五人の大半は南アフリカの元三二部隊員だ。ジンバブエの首都ハラレの地裁は、二〇〇四年九月十日、赤道ギニアのクーデター計画に関与したとして、三月に逮捕・起訴したイギリス特殊空挺部隊の元隊員サイモン・マンに対して、禁固七年の実刑判決を言い渡した。

首謀者とされたマンは、同国で武器を調達し、国外に持ち出そうとしたことが判決の理由である。クーデターの実行部隊とされた、南アフリカの元三二部隊員ら六五人はマンと合流するために、ジンバブエに不法入国したとして、禁固一年の判決を受けている。

もし、このクーデターが成功していたとすれば、フレデリック・フォーサイスの小説「戦争の犬達」がほとんどそのまま実現していたこととなる。

イラクでも重大な問題が発生している。

バグダッド郊外にあるアグブレイブ刑務所で、収容されている捕虜たちが、性的行為を強制されたり、犬をけしかけられるなどの拷問を受け、ジュネーブ条約違反に問われる国際法違反行為がなされたのだ。

この事件では、米軍の女性兵士がタバコをくゆらせながら、裸のイラク兵に首輪を付けて犬のように引きずり回している写真や、全裸のイラク兵をピラミッドのように重なり合わせた上に、女性兵士が乗ってにこやかにピース・サインを出している写真などが、マスコミで公表され、全世界にショックを与えた。

この事件は、当時の刑務所看守役を務めていた米軍兵士などが、軍法会議にかけられて有罪判決が下されたが、実は捕虜虐待事件には民間人が深いかかわりを持っていたことが、アメリカ陸軍の報告書（二〇〇四年二月二十六日に公表）に記されていたのである。

この報告書によると、事件にかかわりがあった民間人は二人で、うち一人はCACI社の社員スティーブン・ステファニウィッツとある。彼は民間の尋問専門職で、イラク駐留のアメリカ陸軍第二〇五情報旅団に属していた。

CACI社は、国務省の電子メイルシステムなどを操作する、情報技術提供を主な事業とする、カリフォルニア・アナリシス・センター社として、一九六二年に設立、その後、事業の内容を拡充し、一九七三年にその頭文字をとってCACIと社名を簡単な名前に変更した。

会社の業務は多種にわたっており、従業員はおよそ九四〇〇人、年間の総収入は二〇〇三年度で、八億四三〇〇万ドル、会社の事業のうち約六三パーセントが国防総省との契約であり、二九パーセントが他の省庁との契約分となっている。

CACIが情報サービス部門を設立したのは、一九九〇年代末である。情報サービス部門の事業の主なものとしては、情報の収集、その分析、現地情報収集の支援、それに、囚人や捕虜などへの尋問によるヒューマン・インテリジェンス収集の支援がある。このためにCACI社は、大量軍事情報部門や政府情報機関の元情報員を雇っている。

捕虜虐待に参画したもう一人の民間人は、ジョン・イスラエル。ステファニウィッツと、同じ米陸軍第二〇五情報旅団に配属された通訳だ。彼の所属会社は、陸軍の報告書のある箇所にはCACIだとされ、また別の箇所ではイラク全土に展開する陸軍部隊にアラビア語の通訳を派遣しているタイタン社だと表記されており、明確にはされていない（タイタン社はイスラエル氏が社員である事を認めていない）。

タイタン社は、一九八一年に設立された、CACI社と同じような情報を取り扱う会社で、ペンタゴンの軍事情報機関や、政府情報機関に、情報とコミニュケイション・サービスを提供している。従業員は約一二〇〇〇人で総収入は年間約二〇億ドルである。

報告書によると、これら民間人は刑務所の中を、フリーパスで移動できる許可を与えられており、捕虜尋問の現場に立会い、その専門知識を発揮して、情報収集のアシスト要員として重要視されていたが、報告書では捕虜虐待事件に関与したことで、二人に対しては契約を破棄するように勧告しているのだ。

このように、人身売買、独裁者との取引、訓練の悪用、事故、捕虜虐待などの実態を見ると、請負企業従業員はアメリカ政府と、雇用者のどちらが責任を持つのか、事故が発生したとき、誰が責任を取るのかなど、請負企業利用の是非についての議論が、アメリカ国内で出てきている。

また、軍の杜撰な予算設定などが、ハリバートン社の子会社であるケロッグ・ブラウン&ルート社との契約に関して疑問視されている。

この会社は、バルカン半島などに派遣されているアメリカ軍の兵站支援を請け負って、二二億ドル受け取っているが、総合経理局が「陸軍はバルカンにおける契約コストをもっと管理すべきであった」という表題の報告書をだしていた。

この中で経理局は、バルカンにおけるケロッグ・ブラウン&ルーツ社の、経費高騰と利益率上昇に対して、陸軍が検証を厳密にしていなかったと指摘している。にもかかわらず、会社は何のお咎めも受けず、未だに新規事業を請け負い続けているのだ。

このような民間軍事請負会社が、イラクの泥沼のような状態の中で、ビジネスチャンスを求めて、政府中枢に入り込み、ますます受注を増やそうと躍起になっている。

疑惑の巣窟ハリバートン社

総合軍事サービス会社ハリバートン社とホワイトハウス

前述したように、現代の傭兵組織は株式市場に登場するような、近代的な「企業」としてのビジネスを展開しており、その役割も大きく二つに分かれている。

一つはブラック・ウォーター社や、MPRI社に代表される、直接軍事に携わる事業で利益を上げている企業。

もう一つは、軍隊の補給やサービス部門を請負う企業である。

後者の典型がこれから採り上げるアメリカのハリバートン社だ。この会社は湾岸戦争時のブッシュ(父)政権の国防長官、イラク戦争時のブッシュ(息子)政権の副大統領となったリチャード・B・チェイニー氏が、経営陣に名を連ねており、イラク戦争では多大の利益を得ている、軍事サービス企業としてつとに有名である。

それればかりではない、ハリバートン社は、元々は石油関連の建設会社でイラク戦争終了後の油田の修復、補修事業をほぼ独占的に請け負い、今後、長期にわたるであろうと予測される、イラク復興作業の根幹にかかわりを持ち、利益を上げられる構図の中心に居座る企業となっている。

このことが二〇〇四年のアメリカ大統領選挙で、野党からの攻撃材料とされ、戦争の大儀そのものが国民の疑惑の的となったのである。

事実、ハリバートン社と、ブッシュ大統領の出身政党である、共和党との結びつきは深く、ある民間団体の調査によると、二〇〇四年六月末までに、ハリバートン社の役員たちの政治献金は総計三〇万ドルに達し、その九九パーセントが共和党の国会議員候補者に対するものであった。

これとは別に、ハリバートン社は会社としての政治献金団体を持っており、そこからは一三万三五〇〇ドルが献金され、その九〇パーセントが共和党向けであった。このことからすると、ブッシュ大統領の再選にハリバートン社が、巨額の資金援助を行なったことは容易に想像が付く。

共和党のブッシュ政権に、ハリバートン社が多額の資金援助をする目的は、企業としての利益追求にあることは言うまでもないだろう。二〇〇四年八月、連邦政府の契約企業二〇〇社について「ガバメント・エグゼクチブ」誌がまとめたところによると、ハリバートン社と国防総省との契約高は、二〇〇三年度分が三一億ドルとなっている。

前年度の二〇〇三年度分が四億九一〇〇万ドルだから、二〇〇三年度は約六倍の契約高に跳ね上がったことになる。契約の大部分はイラクとその周辺国に駐留する、アメリカ軍兵士への給食をはじめ、クリーニング、住宅、などの陸軍への兵站支援事業と、米軍がイラク侵攻に先立って想定した、油田の消火活動や、石油採掘関係の事業に対するものである。

ハリバートン社が、共和党政府に深く関与するきっかけを作ったのは、先にも触れたチェイニー氏である。チェイニー氏は一九四一年ネブラスカ州生まれ、エール大学からウイスコンシン大学大学院で博士課程に学び、三四歳でフォード大統領主席補佐官に就任、現在までの政界経験は豊富である。

一九八九年当時の、ジョージ・ブッシュ大統領から国防長官に指名され、九三年一月までその職に就いていた。この間パナマ侵攻作戦、湾岸戦争という、大きな軍事作戦の指揮を執ること事となったのである。

湾岸戦争で発揮した指導力を評価され、一九九一年七月には、大統領自由勲章を授与された。この国防長官就任期にチェイニー氏は、軍の物資補給や電気施設工事などを軍以外の民間会社に委託することを促進した。

この委託により、軍の補給にかかる経費が一〇~二〇パーセントは減るといわれている。このとき委託会社となったのが、ハリバートン社の子会社であるケロッグ・ブラウン・&・ルーツ(KBR)社であった。

チェイニー氏は、軍の事業を民営化していく新しい軍運用モデルを作り、同時に民間企業に新たなビジネスチャンスと、市場を提供した究極の民営化推進者でもあったのだ。その実力は国防長官辞任後に遺憾なく発揮される。

一九九五年、クリントン大統領に政権が移った後、チェイニー氏はKBR社の親会社である、石油関連サービス会社ハリバートン社の会長件経営責任者に就任。ここで五年間民間企業の経営者としての資産と人脈を獲得した。

チェイニー氏が最高経営責任者となってから、ハリバートン・グループ企業の政府関係の契約高が、急速に伸びて行った。この間、国防契約企業第七八位から第一七位へと、会社の政府関係契約高が伸びるにしたがい、チェイニー氏の個人資産も増加。

個人として、ハリバートン社の筆頭株主となり、資産高は日本円に換算して約五〇億円にも上ったという。二〇〇〇年のブッシュ・ジュニアの大統領選出馬で、共和党に約二五〇〇万円寄付。副大統領候補としてそれらの資産を有効に使い、当選を果たしたのである。

ハリバートン社を通じて、石油などエネルギー関連業界に深い人脈を培ったチェイニー副大統領は、ブッシュ政権のエネルギー政策に極めて強い影響力を持つようになった。彼はブッシュ政権のエネルギー政策、タスクフォースのリーダーとなり、自らの民間エネルギー会社の人脈の中から、そのメンバーを構成したといわれている。

そのメンバー・リストについて、チェイニー副大統領が公開を拒否しているため、どの企業がメンバーになっているかハッキリしていない。しかし、ハリバートン関連会社を中心として、粉飾決算で大問題となったエンロン他、チェイニー副大統領と懇意な数社が、企業がメンバーになっていたのは間違いないようである。

チェイニー氏が副大統領に就任後に起こった、九・一一米国内同時多発テロ以降、ハリバートン社の子会社KBR社は軍からの受注が増えて増益となっており、副大統領になってからも、チェイニー氏はハリバートン社から、毎年二〇万ドル近くの退職者収入をうけとっている。

このKBR社の国防省担当者は、チェイニー氏が国防長官を勤めていた時の軍事補佐官であった。

このような人脈や、チェイニー氏と企業との関係の深さなどから、ハリバートン・グループ企業の、国防総省からの受注は何時も不鮮明なものとの疑惑が付いてまわっている。

この具体的な例として挙げられているのが、二〇〇三年四月に暴露された、ハリバートン社の社内文書である。この文書によると、米軍がイラク攻撃を始める数カ月前に、アメリカ国防総省は秘密裏にハリバートン社と協議し、イラク油田に関する全面的な統制権を与えることが検討されていたという。

国防総省とハリバートンの子会社である、ケロッグ・ブラウン&ルート社との間で交わされた、イラクの石油産業をめぐる商談は、ハリバートン内部文書によると、二〇〇二年十月の段階ではじまっており、最終的には七〇億ドル相当の額にのぼった。

実を言うと、この時期の巨額な商談は、ハリバートン社にとっては願ってもないチャンスだったのだ。二〇〇二年十月というと、ハリバートン社はアスベストの不正処理に絡んで、数十億ドルもの負担を迫られており、その上、アメリカ国内の石油生産の減少が重なって財政破綻に陥りかけていたのである。株価もこの状況に反応して急落。前年度同時期二二ドルから二〇〇二年の十月には一二・六二ドルにまで下落していたのだ。

ハリバートン社の破産が、まことしやかに囁かれていたまさにその時、国防総省との秘密商談があったというわけである。

事実、二〇〇二年十一月の機密文書によると、アメリカ国防総省は陸軍工兵隊に対し、KBR社に、石油関係インフラの状況評価、石油漏れを始めとする石油施設からの環境汚染の浄化、被害を受けたインフラの施設設計・補修・再建、石油施設操業の補助、石油生産品の流通、イラク石油産業の操業再開のためのイラク人支援などに加えて、イラク油田火災消火の契約を与えるように勧告していたことが明らかになったのである。

さらに、国防総省がイラク石油のインフラ修復を必要とし、操業に備える可能性を計画していたことは、二〇〇三年三月まで機密扱いとされ、他の企業体はその情報にアクセスすることが不可能となっていたのである。

ハリバートン社が、イラク石油産業修復の契約を受注した、二〇〇二年十月以降、ハリバートン社の株は二倍近くに跳ね上がり、二〇〇三年五月十三日には、株価終値が二三・九〇ドルとなった。

このことに対しては、米国議会が二〇〇三年初頭に、チェイニー副大統領と密接な関係によって、非入札にもかかわらずKBR社が契約を勝ち取ったと非難。当局は「KBR社はイラク油田の火災を止める以外何もしない契約だ」と言い、陸軍工兵隊はKBR社を契約相手に選んだ理由を、KBR社は連絡し次第、直ちに動ける体制が整っていたことをあげている。

このようにして、ハリバートン社のグループは他の社を完全に出し抜いて、イラク戦争では巨大な利益を上げることとなった。そして、その子会社KBR社は九・一一以降のアメリカの対テロ戦争で利益を上げた唯一の会社となったのである。

疑惑だらけのハリバートンビジネス

ハリバートン社グループが国防総省と結んだ契約は、原則的にはチェイニー副大統領が国防長官時代に築き上げた、米軍兵站文民統合プログラム（LOGCAP）に基づいたものだ。

アメリカ国防総省の場合、研究開発の段階から特定のメーカーに受注させ、独占的に製品を納入するのが通例となっている。この通例に従って、国防総省はまず、二〇〇二年十一月、LOGCAPに沿って、不測自体対応計画作成するようKBR社に依頼。この契約に基づいてKBR社は、二〇〇二年十一月から、イラクの石油インフラ評価とイラク石油産業の操業計画を検討するために、現地で活動していたことがハリバートン社の重役のインタビューで判明している。

それによると、KBR社のプロジェクト・マネージャー一行が、イラク南部のルマイラー油田を調査。油田修復のプログラム作成のための調査研究に数カ月費やした。

その後、イラク国営石油産業の込み入った事情を調査し、国営石油会社の組織図を作成。ハリバートン社と米軍が信頼できるイラク人石油技師と、サダム・フセインに忠誠を誓う技師を正確に色分けする作業を行っている。

このように研究開発の段階から軍との契約が結ぶことができれば、この研究成果に基づく製品の納入も独占的に行なえるのである。しかも、一部の兵器や機材の納入に対してペンタゴンが認めている「コスト・プラス報酬制」が適用されるのである。

このシステムは納入製品に欠陥があった場合でも、その補修・改修コストをペンタゴンが負担する制度だ。

ペンタゴンの兵站文民統合プログラムは、まさにこの「コスト・プラス報酬制」でハリバートン社グループに発注しているのである。

つまり、KBR社はイラクの石油産業再開という、ペンタゴンのプロジェクトの研究開発段階から関与しているため、独占的に事業契約を結ぶことができ、その契約内容も、契約条件が満たされさえすれば、中身がどうであれ、その原価費用が国防総省から支払われる。

さらには一定の利益を保証されることになっているわけである。

この契約の下で、ハリバートン・グループは多大な利益を上げている。たとえば、KBR社はイラクの石油産業再開がらみの契約で、八億三〇〇〇万ドルを受け取っている。また、トルコのインジルリクをはじめとする米軍施設の運営補助で、一億一八〇〇万ドル（二〇〇三年九月までの契約）、アフガニスタンとウズベキスタンの軍基地支援契約では、六五〇〇万ドル。さらに、アフガニスタンの戦場で捕まえられたアルカイダメンバーを尋問するために、キューバのグアンタナモ基地内に、監獄の建設を三〇〇万ドルで請け負っている。

さらにさかのぼれば、このシステムでハリバートン社はバルカン半島のアメリカ軍に、家屋やテント、食料、水、郵便、洗濯、清掃、重機材の提供など三〇億ドルで請負い、そのうえ、二〇〇一年十二月に、世界中で展開するアメリカ軍の作戦に対し、さまざまな補助作業や兵站提供を一〇年間という、前例の無い長期間にわたって行なうという契約を結んだのである。

この結果、二〇〇二年は最後の三カ月だけで、ハリバートン社の政府からの受注残高は四〇パーセント拡大したと言われているのだ。

ハリバートン社は、これまで、さまざまな道義的疑惑と違反事件を起こしているいわく付きの会社である。そのもっとも大きいものは、チェイニー氏との問題であることはこれまでも述べたが、それを基本にしたペンタゴンとの癒着疑獄事件は数多い。

たとえば、一九七八年、大陪審員はケロッグ＆ブラウン・ルート社を海軍の建設に関する仕事で談合行為をおこなったとして起訴。この件では同社は一〇〇万ドルを支払っている。

さらには二〇〇三年には、カリフォルニア州モンテレー近くにあった軍の施設フォート・オードの維持・修復の契約価格を水増しして請求したことで告発された。この告発の対象となった時期は、チェイニー氏がハリバートンの社長を勤めていた時期と重なっているのだ。

結局ハリバートン社は、その時の不正水増し金額分の二〇〇万ドルを政府に返納している。同じく、サクラメントで起こされた訴訟では、KBR社が一九九四年四月から一九九八年九月までの間、二二四件の発注に対して偽りの請求を提出し、嘘の明細書を作成したとされている。

イラク戦争に関する契約についても、不正疑惑の種は尽きない。

まず、二〇〇三年十一月、国防総省の監査で、クウェートからイラクへのガソリンなどの燃料購入、運搬に絡んで、ケロッグ・ブラウン＆ルート社が、六一〇〇万ドルの水増し請求疑惑が浮上した。

二〇〇四年一月には、KBRの社員二人がクウェート駐留米軍の調達業務で、地元企業に下請けさせた見返りに、六三〇万ドルのリベートを取っていたことが発覚。

さらに二月には、同じクウェート駐留米軍の給食事業で、二八〇〇万ドルの水増し請求が判明し、全額を返還させせられている。

実は二〇〇三年に出たペンタゴンのレポートによると、KBR社が提供しているイラク駐留軍向け食料は「汚すぎる」という声が多く、調査の結果KBR社に対して、ペンタゴンが改善命令を出していた。調査では給食を調理しているKBR社のキッチンは「床は血だらけ、汚れたフライパン、汚れたグリル、汚いサラダバー、腐った野菜」というありさまだった。

KBR社は、こんな状態で一一万人の兵士の食料を一日一人当たり二八ドルという、高額な費用で賄っていたのである。加えて、イラク以外でもナイジェリアで一九九〇年代、KBRによる天然ガス開発事業において、税務の優遇を狙った多額の贈収賄疑惑が浮上、フランス当局が国際法に照らし、当時親会社・ハリバートン社のCEOだった、チェイニー副大統領の告発が検討された。

このような体質を持っているハリバートン社は、四四社を超える業種の子会社を持ち、広く世界に展開している。中でも注目されているのが、アゼルバイジャン、インドネシア、イラン、イラク、ミャンマー、リビア、ナイジェリアなど、アメリカ政府が人権擁護の立場から好ましく無いとしている国や、テロリスト国家、または敵対国家としている国とビジネスを行なっていることである。

アメリカ政府が、経済制裁を加えている国とのビジネスについては、さすがのアメリカ政府も無視はできず、一九九五年、リビアに対する禁輸措置を破ったとして、三八〇万ドルの罰金を科した。

にもかかわらず、その四年後、ハリバートン社の子会社の一つが、アメリカ政府がビジネスを禁止しているイランに事務所を開設。二〇〇一年には軍事政権下のミャンマーで、石油のパイプライン・プロジェクトを開始したことに対して、ハリバートン社の株主が経営者たちを非難する事態となったのである。

このように、利益の上がることには、国禁を犯してまでも喰らい付くような、道義的責任感の無い経営方針は、ハリバートン社のもっとも得意とするところとなっているのだ。

トイレ掃除から軍事基地の建設まで請け負うハリバートン社

ハリバートン社グループの仕事は、エネルギー関連に限らない。

イラク戦争でも飛行場の整備、テント設営、宿舎建設とその清掃、兵員への食料や水の供給、調理、郵便、理容、重機の運搬、さらには戦死者の遺体の洗浄と本国への輸送と、まさにトイレ掃除から基地建設まで、アメリカ軍の周辺で必要とされるありとあらゆるものを担っている。

それも四〇年以上にわたって、ペンタゴンと契約を交わしているから、この会社の持っている仕事のノウ・ハウは、他社の追随を許さないものがある。

だからこそ、米軍にとっては、まるで痒い所に手が届くようなサービスが、何者にも変え難いものと映るわけである。ここに緊密な癒着の構造が出来上がり、ハリバートン社がスキャンダルを起こしても、ペンタゴンが最優先で契約を結ぶ構造が出来上がる。

事実、ハリバートン社グループの社員数千人が、バグダッドに最初の爆弾の雨が降るのと同時に一〇億ドルに近い契約に基づいて、クウェートとトルコに展開するアメリカ軍のすぐ側で働いていたのである。

では、一体ハリバートン社グループはイラクやアフガニスタンで「テロとの闘い」を推進している米軍に対して、どんな仕事をやっているのか、それを具体的に見てみよう。

【クウェート】

クウェートで契約が実行に移されたのは二〇〇二年九月、米陸軍兵站指令部計画統制事務所のジョイス・テイラーが、クウェートに到着した時からだった。

彼はクウェートに展開する数万人の米軍兵士や、軍属のためにテント村建設に従事するケロッグブラウン&ルート社の建設作業員、約一八〇〇名を指揮・監督するために派遣されたのである。

KBR社の作業員は、数週間でテント資材をクウェートに運び込み、約八万人の外人部隊が駐留できるだけのテント村を作り上げた。八万人といえば、クウェートの人口の一〇パーセントにも当たる人数だから、いかに大規模なものであるか想像つくだろう。イラクに入る兵士たちは、ここを出撃基地としている。

キャンプは幾つかのブロックに分かれているが、それぞれにはキャンプ・ニューヨーク、キャンプ・バージニア、キャンプ・ペンシルベニア、などと二〇〇一年九月十一日にテロ攻撃を受けたアメリカの地名がつけられている。

司令部のあるテント村には、民間人や軍属が生活している。そこにはテントの前にテラスがあり、プラスチックの椅子やテーブルが揃えられている。体育館や、バスケットボール場、バレーボール・コートが、食堂の周りに完備されており、着任早々の者には本国と全く同じ品物を揃えたPXがある。

バーガーキング、サブウェイ、バスキン・ロビンズなど、本国でおなじみのファスト・フード店のトレーラーも並んでいるので、砂漠の生活とはかけ離れた快適な生活が送れるようになっているのだ。

米軍当局にとっては、KBR社と契約することのメリットは、その労働対価にあるとして重宝している。KBR社は工兵隊の仕事を、兵士の給料の数分の一で請負い、現地の労働者を雇用して、民生安定にも役立つ仕事をしていると評価が高い。

【トルコ】

中央トルコの地中海沿岸から、およそ一時間内陸部に入ったアダナ市近郊の米軍飛行隊基地では、約一五〇〇人のKBR従業員が働いている。

この基地には、およそ一四〇〇人の米軍人やスタッフが駐屯し、アメリカ空軍のF-15ストライク・イーグル戦闘爆撃機や、F-16ファイティング・ファルコン戦闘機がイラク攻撃に出動しているのだ。

この基地のパイロットたちは、アダナ市郊外の基地周辺に住み、住宅や食事の提供はビンネル社とKBR社のジョイント企業である、ビンネル・ブラウン&ルート社（VBR）が行なっている。

ビンネル社はバージニア州フェアーファックスに本社を持つ企業である。VBR社とペンタゴンは、一九八八年十一月に契約を結び、トルコ国内ではアダナ基地以外でも、アンカラやイズミールの米軍基地でサービス業務を行っている。

このジョイントベンチャー、VBR社は一九九九年から二〇〇三年までの契約をペンタゴンと結んでおり、その価格は一億一八〇〇万ドル。

【中央アジア】

「テロとの戦い」で、ペンタゴンが結んだ最初の民間契約が実行されたのは、二〇〇二年六月である。その時、兵站文民統合プログラム（LOGCAP）に基づいて、二二〇〇万ドルの契約を結んだのはKBR社である。その記念すべき事業は、中央アジアのウズベキスタンのカーナバード空軍基地に、アメリカ軍が「自由の要塞」と名づけたキャンプの開設支援であった。

カーナバードはアフガニスタンのタリバンと、オサマビン・ラディンを追い詰めるための米軍主要基地のひとつである。特殊部隊であるグリーンベレーから、第一〇山岳旅団などゲリラ戦用地上部隊の出撃基地となっていた。そのため、ここには空軍兵士をはじめ、地上部隊などの兵士が駐留していたのである。

二〇〇二年十一月、KBR社は四二五〇万ドルでペンタゴンと一年契約を結び、今度はカンダハールやバグラムなど、アフガン国内に展開する米軍基地に対するサービスを開始した。アフガン国内に入り込んだKBR社の従業員は、アメリカ軍兵士たちのために洗濯サービスをはじめ、シャワー設備の設営、食堂建設と調理、兵士用テント内に暖房用のヒーターを引き込む作業を提供したのである。

戦闘は一応下火になっていたとはいえ、この時期、アフガニスタンに入り込んで米軍基地でのサービスを行なうことは、民間人では多大のリスクをともなうはずだが、このようなことを楽々やり通せるところに、ハリバートン社グループ企業が長年培ったノウ・ハウがあるわけだ。

【イラク】

第二次世界大戦以来、軍の仕事を請け負って巨大化してきた会社がハリバートン社を含めて五社ある。

ハリバートン社のほか、ベッチェル・グループ、フルオアー社、パーソンズ社、ルイス・バーガーグループが、ペンタゴンからの発注を狙って長年の間しのぎを削ってきたのである。

だがイラク再建プランでは、一八カ月以内にイラク国内の経済道路一五〇〇マイルと、その道路に架かっている橋を再開させる能力の他、さまざまな分野における建設能力が必要とされているのだ。

さらに、イラク再建計画に参画する企業には、二カ月以内にイラク全土に展開している高圧送電網の一五パーセントの修理、同じく数千に及ぶ学校の修理と機能再開、それと非常事態に備えるための発電機五五〇機を供給できる能力が要求されている。

これらの条件を満たせる企業としてはハリバートン社が最有力企業であり、いずれにしても、先にあげた五社しか請け負える企業は無い。したがって、どの企業が契約者となっても実質的には、多くの企業と共同ベンチャー事業として請け負うことになっているようだ。その代わり、契約に成功すれば、その準備段階で九億ドルもの金が支払われる。

ペンタゴンのイラク再建計画では、イラク国内の油田の補修と再建が重要な位置を占めている。これについては国防総省とKBR社の間では契約がなされていることが判明している。契約によれば、KBR社がイラクの油田火災の消火を全面的に請負い、流通網の確保まで行なうこととなっている。このことでKBR社は、イラクの石油事業再開において、独占的な役割を占めることとなった。

イラクはサウジアラビアに次ぐ石油埋蔵量を持っており、戦争後に石油事業が再開されたら、契約高は一五億ドルに跳ね上がると予測されている。

イラクにしろアフガニスタンにしろ、ハリバートン社グループは米軍にくっついて真っ先に戦場に入り、米軍兵士にアメリカの生活とほぼ変わりのない生活を送れるようにサービスを提供している。このような、建設・サービス会社のメリットは、軍が同じことを行なうよりもはるかに安上がりなことである。

兵士たちの健康の維持管理まで含めた、きめ細かなサービスは民間のノウ・ハウが、もっとも生かされるところであり、会社は労働力の安いところからそれを調達し、労務管理や労働者の危機管理までもやってくれるのである。

日本の自衛隊が、イラクのサマワで給水援助の活動をしているが、同じことを民間に任せるとはるかに安上がりで、効率が良いから、自衛隊がここにいる必要は無い、という議論がしきりになされているが、この論理を押し進めれば、ハリバートン社グループに同じ仕事を、日本の防衛庁が請け負わせればはるかに安く、効率も上がることになるわけだ。

ハリバートン社の方が、自衛隊よりはるかに多い戦場経験があり、民生サービスのやり方を知っているからである。

中東戦略と企業の戦争ビジネス戦略

ハリバートン社は、アメリカ・テキサス州の油井掘削会社として一九一九年に創業した。その後、企業買収を重ね、一九六二年建設大手のケロッグ・ブラウン・アンド・ルート社を買収して、急成長を遂げるようになった。

その結果、現在では海外をも含めて系列子会社は二〇社を超えている。一九九一年の湾岸戦争では、KBR社を通じて油井消火を米政府から請け負っている。ハリバートン・グループは戦争のある所では常にビジネス・チャンスを掴み、独占的に事業を請け負って来た。例えば、一九九九年のコソボ紛争では三〇億ドルを受注。

二〇〇三年九月までアメリカ軍が駐留した、トルコのインジルリク空軍基地での支援に一億八〇〇万ドル、対テロ戦争でもアフガニスタン、ウズベキスタンの基地支援で六五〇〇万ドル。キューバ・グアンタナモでのタリバンおよびアルカイダの捕虜拘束施設の建設を三七〇〇万ドルで請け負っている。

ハリバートン・グループの強みは、チェイニー氏という強力な人材を得て、政府と強く結びつき、国防省の受注企業としては圧倒的な強さを見せて来たことである。ニューヨーカー誌によると、イラク戦争とその復興での受注額は、二〇〇四年五月の段階で総計一一〇億ドル（約一兆一六〇〇億円）にも上る。

このハリバートン・グループの成功は、他の同業他社にとっても「イラク復興事業」は長期的なビジネスチャンスであり、ハリバートン社以外の会社も、猛烈な企業努力を積み重ね、二〇〇三年三月燃料輸送などで七社が契約にこぎつけた。しかし、総額は三億ドルにしか過ぎなかったのである。実際、ハリバートン・グループ各社はエネルギー関連に限らず、イラク戦争では飛行場の整備、テント設営宿舎建設と、その清掃、兵員への食料や水の供給、郵便、理容、什器の運搬、さらには戦死者の遺体の洗浄と、アメリカ本国までの輸送までも担う契約を結び、戦闘以外の分野ではほぼ独占状態である。

石油、軍施設関連以外でも、イラク復興事業におけるアメリカ流の「民営化」が推進されている。しかし、その狙いはアメリカの長期的な権益確保の方向に行く可能性が濃厚だ。

事実、アメリカ政府はイラク復興事業の受注先に付いてアメリカに協力的な企業に限る方針を決定。アメリカ国防総省が自国が負担する、一八六億ドル（約二兆円）のイラク復興事業について、受注の元請け先を、アメリカ、イラクの他に、日本や韓国など、イラク戦争や復興に協力した六一ヵ国の企業に限定すると、二〇〇三年十二月五日付けの文書で発表した。

それについては、フランスやドイツ、ロシアなど、イラク戦争に反対していた諸国が猛反発。アメリカ政府は「米国の安全保障上の利益を守るため」と強硬姿勢を貫いている。この動きを後押ししているのは、アメリカ経済界の圧力だ。今後、中東でも巨大マーケットに成長するといわれている、携帯電話事業に関連する争いも熾烈さをましている。

世界の携帯電話市場では、アメリカ勢とヨーロッパ勢が通信方式をめぐって激しい競争を繰り広げているのが現状だ。アメリカ軍の攻撃で地上回線が崩壊したイラクは、携帯電話協会にとっては大きな魅力となっている。なぜなら、一旦採用されたら、その通話方式がイラクでは将来にわたっての基本的なシステムとなり、将来的にも計り知れない利益を生む可能性があるからだ。

その巨大なビジネスチャンスをめぐる、アメリカの政治家と資本家の攻勢には凄まじいものがある。具体的な表れがアメリカの下院議員が、ラムズフェルド国防長官に「イラクの携帯ネットワークでヨーロッパ方式を採用すれば、アメリカ人の雇用と利益が脅かされる」という主旨の公開書簡を出し、国防省を通じて圧力をかけていたことが明らかになったことだ。

アメリカ人の雇用と利益には頑なにこだわるが、イラク人の失業に対しては相当無神経な行為を繰り返し、現地での経済摩擦も起きている。

二〇〇三年六月、イラク南部のバスラで国営石油会社の社員ら約五〇〇人がデモ行進をした。アメリカ軍との契約で石油パイプラインの補修を行なっているKBR（ハリバートン社の子会社）の下請企業が、インド人などアジアからの出稼ぎ労働者を導入。怒ったイラク人たちが「われわれを犠牲にする外国人労働者は要らない」、「私たちの国の再建は私たちの手でやる」などと書かれたプラカードや、横断幕を掲げてバスラ駐留のイギリス軍本部付近で抗議の声を上げた。

イラクでは全人口の少なくとも一割に当たる、約二〇〇万人が公務員や石油部門をはじめ、主要産業では計画立案から施工、補修まで国有企業が自前の労働力でまかなってきた。

しかし、戦後、一気に参入してきたアメリカ企業が全てを取り仕切るようになり、自分たちの都合で決定していくシステムとなったのだ。そのため、戦争で急増した失業者がイラク全土で、連日のようにデモを起こしていた。にもかかわらず、外国人労働者を雇用したので地元民の怒りに火をつけた結果となったのである。

そんな中、日本の企業もしたたかにイラク参入を狙っていたことが明らかとなった。

二〇〇三年十一月二日、住友商事とＮＥＣがイラク国内での携帯電話事業に使用する通信設備の一部を六五万ドル（約七一五〇万円）で受注した事が発表された。これは、イラクの戦後復興を支援するインフラ整備ビジネスで、初の日本企業の受注となった。

続いて、二〇〇四年三月二十七日、アンマンにある国連開発計画（ＵＮＤＰ）イラク事務所が、イラク南部バスラ近郊にあるハルサ発電所の修復プロジェクトを、三菱重工に受注させたことを発表。受注額は約六〇〇万ドル（約六億三〇〇〇万円）。日本政府がＵＮＤＰに拠出した援助がこれに当てられる。この発電所は、一九七九年に三菱重工が建設したものだが、湾岸戦争で破壊されたままになっていたものだが、イラク復興事業で大規模プロジェクトを、日本企業が受注したのはこれが始めてだ。

このように日本企業も含めて、巨額でかつ長期にわたるであろうイラク復興事業を、世界の企業が不況脱出のためのビジネスチャンスと見なし、事業に参加しようとしてしのぎを削る状況が、今後も続くことは間違いないだろう。

《参考文献》

Sir Frank Adoc, Greek and Macedonian Art of War, Berkeley, 1957.
J.K. Anderson, Military Practice and Theory in the Age of Xenophon, Berkeley,1970.
Robert B. Asprey, War in the shadows, Doubleday& Company, 1975.
Leonard Cottrell, Hannibal, Enemy of Rome, Da Capo Press,1992.
David P. Jordan, Kings Trial: LouisXVI vs. the French revolution, University of California Press,1981.
Frederick A. Hempstone, Mercenaries and Dividends: The Katang a Story, Praeger, 1972.
Bill Fawcett, Hunters and Shooters: An Oral History of the U.S. Navy SEALs in Vietnam, Avon Books, 1996.
Starlig Seagrave, Flight/ Soldiers of Fortune, Time-Life Books, 1981.
East Asian Studies Class at Pacific University, An Interview with Two Flying Tigers, Pacific University, 2004.
David Wise and Thomas B. Ross, The Invisible Government, Random House, 1974.
Yves Debay, The French Foreign Legion Today, Motorbooks International,1992.
Douglas Porch, The French Foreign Legion: A Complete History of The Legendary Fighting Force, Harper Collins, 1991.
George Rosie, The Directory of International Terrorism, Pragon House 1986.
Rachel Ehrenfield, Narco Terrorism, Basic Books, 1990.

フランク・キャンパー　高橋和弘訳「ザ・マーセナリー」並木書房　1990年
クセノポン　松平千秋訳　「アナバシス」岩波書店　1993年
菊池良生「傭兵の二千年史」講談社　2004年

★読者のみなさまにお願い

この本をお読みになって、どんな感想をお持ちでしょうか。次ページの「100字書評」（原稿用紙）にご記入のうえ、ページを切りとり、左記編集部までお送りいただけたらありがたく存じます。今後の企画の参考にさせていただきます。また、電子メールでも結構です。

お寄せいただいた「100字書評」は、ご了解のうえ新聞・雑誌などを通じて紹介させていただくこともあります。採用の場合は、特製図書カードを差しあげます。

なお、ご記入のお名前、ご住所、ご連絡先等は、書評紹介の事前了解、謝礼のお届け以外の目的で利用することはありません。また、それらの情報を六カ月を超えて保管することもありません。

〒一〇一―八七〇一　東京都千代田区神田神保町三―六―五　九段尚学ビル
祥伝社　書籍出版部　祥伝社新書編集部
電話〇三（三二六五）二三一〇　E-Mail : shinsho@shodensha.co.jp

キリトリ線

★本書の購入動機（新聞名か雑誌名、あるいは○をつけてください）

＿＿＿＿新聞の広告を見て	＿＿＿＿誌の広告を見て	＿＿＿＿新聞の書評を見て	＿＿＿＿誌の書評を見て	書店で見かけて	知人のすすめで

★100字書評……戦争民営化

なまえ

住所

年齢

職業